Helmut Sonn | Peter Pawloy | Daniel Alge

Patentwissen
leicht gemacht
Wer schützt Daniel Düsentrieb?

Ueberreuter

Die Deutsche Bibliothek – CIP-Einheitsaufnahme

Sonn, Helmut
Patentwissen leicht gemacht : wer schützt Daniel Düsentrieb? /
Helmut Sonn ; Peter Pawloy ; Daniel Alge. – 2., aktualisierte und erw. Auflage -
Wien/Frankfurt : Wirtschaftsverlag Ueberreuter, 2000
ISBN 3-7064-0704-3

Unsere Web-Adressen:

http://www.ueberreuter.at
http://www.ueberreuter.de

S 0585   1 2 3 / 2003 2002 2001

Inhalt

-ᕉ́-   Geistesblitz Nr. 7: George Eastmans Rollfilm *99*

-ᕉ́-   Geistesblitz Nr. 8: Gottlieb Daimlers und Carl Benz' Automobil *111*

Abkürzungsverzeichnis

EPA	Europäisches Patentamt
EPÜ	Europäisches Patentübereinkommen
FFF	Forschungsförderungsfonds für die gewerbliche Wirtschaft
GATT	General Agreement of Tariffs and Trade (Allgemeines Zoll- und Handelsabkommen)
IPC	Internationale Patentklassifizierung
ITFG	Innovations- und Technologiefondsgesetz
PCT	Patent Cooperation Treaty (Patent-Zusammenarbeitsvertrag)
PLT	Patent Law Treaty (Patentrechtsvertrag)
PVÜ	Pariser Verbandsübereinkunft zum Schutz des gewerblichen Eigentums
TRIPs	Agreement on Trade Related Aspects of Intellectual Property Rights (Übereinkommen über handelsbezogene Aspekte der Rechte des geistigen Eigentums)
UPOV	Union pour la Protection des Obtentions Végétales (Union zum Schutz von Pflanzenzüchtungen)
VSP	Verband schweizerischer Patentanwälte
WIPO	World Intellectual Property Organization (Weltorganisation für Geistiges Eigentum)
WTO	World Trade Organization (Welthandelsorganisation)

Vorwort zur 2. Auflage

Wir freuen uns, dass wir die Gelegenheit erhalten haben, die vorliegende 2. Auflage unseres Buches in überarbeiteter und vor allem aktualisierter Form veröffentlichen zu dürfen.

Zu allererst möchten wir uns bei den Lesern unseres Buches bedanken, die uns überhaupt erst diese 2. Auflage ermöglicht haben. Dass es – so kurze Zeit nach der 1. Auflage 1997 – erforderlich wurde, eine 2. Auflage zu produzieren, hat uns alle sehr überrascht, vor allem weil wir uns von vornherein bewusst waren, dass die Vermittlung von Patentwissen eine recht trockene Sache ist.

Gerade aber die Zustimmung der Leserschaft zeigt uns, wie groß die Nachfrage an einer derartigen Wissensvermittlung ist. Durch diese Nachfrage wird auch die zunehmende Bedeutung des Patentwesens demonstriert, die alleine durch die jährlich (!) um 5 % bis 10 % steigende Zahl an Patentanmeldungen belegt wird. Dadurch wird es auch für Personen, die nicht unmittelbar und ständig mit Patenten zu tun haben, immer wichtiger, zumindest ein Grundwissen zu Patenten zu erwerben, um strategische wirtschaftliche Entscheidungen bei Innovationen auf fundierte Gründe zu stützen. Daher ist auch die Philosophie unseres Buches in der vorliegenden 2. Auflage dieselbe geblieben:

Geschäftsführer, Vorstände, Marketingfachleute, Wissenschaftler, Techniker, freie Erfinder, Rechtsberater oder andere Personen, die in ihrer Arbeit in zunehmendem Maße mit gewerblichen Schutzrechten konfrontiert werden, können mit unserem Buch eine einführende und grundlegende Darstellung des Patent- und Gebrauchsmusterwesens erhalten.

Da sich seit der 1. Auflage im Patentwesen vieles getan hat (zum Beispiel eine große Patentrechtsnovelle in den USA) und noch größere Änderungen bevorstehen (zum Beispiel eine Komplettreform des europäischen Patentwesens), war es uns ein großes Anliegen, die 2. Auflage auf den allerneuesten Stand zu bringen. Dem Ueberreuter-Verlag gilt der Dank, dies ermöglicht zu haben.

Neben einer Aktualisierung der geschichtlichen Entwicklung des Patentsystems (siehe Kapitel 1.3) haben wir die bevorstehende Novellierung des Europäischen Patentübereinkommens (die in einem ersten Teil

13

im November 2000 beschlossen wird) und des österreichischen Patentgesetzes (das Ende 2000/Anfang 2001 grundlegend geändert wird) an den entsprechenden Stellen im Buch bereits berücksichtigt.

Weiters wird in einem Exkurs zu Kapitel 1 die Einbettung des Patentrechts im gewerblichen Rechtsschutz dargelegt, wobei insbesondere auf die generellen Unterschiede von Patenten und Gebrauchsmustern zu anderen gewerblichen Schutzrechten – wie Marken, Mustern oder Urheberrechten – eingegangen wird.

Die Ausführungen betreffend die (finanzielle) Bewertung von Patenten (Kapitel 7.1) und die Dienstnehmererfindung (Kapitel 8.3) wurden aufgrund der zunehmenden Bedeutung dieser Punkte umfangreich ergänzt und gegenüber der 1. Auflage stark erweitert.

Völlig neu hinzugekommen sind die Kapitel, die sich mit der zunehmenden Bedeutung des Internets bei der Recherche, Patentverwertung und Schutzrechtsinformation (Exkurs Kapitel 7) und mit Strategien für das Innovationsmanagement (Kapitel 16) befassen. Darin enthalten sich auch Informationen zu den möglichen Kosten, die im Zusammenhang mit Patenten entstehen können (Kapitel 16.4.1).

Da die Globalisierung auch auf unserem Gebiet essentiell ist, haben wir den Bereich der Schutzrechte im Ausland durch ein eigenes Kapital über Patentierung in den USA und in Japan (Kapitel 15) ausgebaut, worin auch auf die Besonderheiten dieser Systeme Bezug genommen wird.

Schließlich haben wir ein kleines Glossar vorgesehen und das Literaturverzeichnis überarbeitet.

Mit diesen Ergänzungen erhält auch der Leser, der die 1. Auflage bereits kennt, umfangreiche zusätzliche und aktualisierte Informationen.

Vorwort zur 1. Auflage

Zwischen den einzelnen Abschnitten des vorliegenden Buches finden Sie »Geschichten« bzw. Erfinderporträts, die in eindrucksvoller Weise Erfindungen zeigen, aus deren Verwertung einige der heute größten Firmen der Welt entstanden sind oder die die Grundlage für die Entstehung von ganzen Industriezweigen bildeten. Die Patentierung dieser »Geistesblitze« war eine wichtige Voraussetzung für den Erfolg der jeweiligen Firma, vor allem in der risikoreichen Anfangsphase. Aus diesen Geschichten, die oft wie moderne Märchen klingen, wird aber auch klar, dass der Patentschutz für diese Erfindungen zwar notwendig, jedoch keinesfalls schon hinreichend für den Erfolg dieser Firmen war.

Die Schritte von der Erfindung über den Prototyp bis zum serienfertigen Produkt sind immer langwierig und vor allem kosten- und personalintensiv. Viele andere ebenfalls Erfolg versprechende Erfindungen sind gerade in dieser Phase gescheitert, und dies nicht selten deswegen, weil sie ihrer Zeit allzu weit voraus waren.

Die in den »Geistesblitzen« angeführten Fälle sind ohne Zweifel Vorzeigebeispiele, die keinesfalls dem Regelfall entsprechen. In diesen Beispielen wird aber deutlich, dass die durch eine gute Erfindung eröffneten Möglichkeiten praktisch unbegrenzt sind. Diese Beispiele sollten daher einen Ansporn für alle innovativen Menschen bzw. Firmen darstellen. Zwar sind zur Durchsetzung der Erfindungen am Markt das finanzielle, technische und unternehmerische Umfeld zweifellos entscheidende Faktoren, jedoch bieten gerade die gewerblichen Schutzrechte die Möglichkeit, den eigenen technologischen Vorsprung gegenüber Konkurrenten während der Schutzdauer des Patents oder Gebrauchsmusters zu verteidigen, Geldgeber zu interessieren oder über die Erteilung von Benutzungsrechten (Lizenzen) noch besser für deren Verbreitung und für Einnahmen für Weiterentwicklungen zu sorgen.

Dieses Buch soll Ihnen zeigen, wie Sie zu einem Schutzrecht für Ihre Erfindungen kommen, was dabei zu beachten ist und was Sie mit solchen Schutzrechten anfangen können. Es ist natürlich nicht möglich, in diesem Rahmen auf alle Details einzugehen, sodass Ihnen der Weg zum Patentanwalt im Einzelfall zunächst nicht erspart bleibt, um auch ein »richtiges«

Patent oder Gebrauchsmuster zu erlangen und es sachgerecht einzusetzen oder zu verteidigen bzw. sich gegen Schutzrechte der Konkurrenz zu wehren. Doch die Arbeit des Patentanwaltes wird wesentlich erleichtert, wenn Sie selbst bereits über dieses Grundwissen verfügen.

Dipl.-Ing. Helmut Sonn, Dipl.-Ing. Peter Pawloy, Dr. Daniel Alge
Patentanwälte in Wien

1 Ein kurzer Streifzug durch die Geschichte des Patentrechts

1.1 Die Entwicklung des Patentwesens

Die ersten Hinweise auf gewerbliche Schutzrechte reichen zurück bis in das 6. Jahrhundert vor Christus. Wie uns der Dramatiker Athenäus gemäß Notiz aus dem großen Geschichtswerk des Historikers Phylachus berichtet, sollen die Einwohner der Stadt Sybaris, einer griechischen Kolonie in Süditalien, einen Hang zur genießerischen Lebensart gehabt haben. Vor allem die kulinarische Seite des Luxuslebens hatte große Bedeutung. Für den Fall, dass jemand der sybaritischen Gesellschaft einen besonders anerkennenswerten Beitrag in Form eines Rezeptes für ein neues, besonders exquisites Gericht lieferte, wurde ihm ein einjähriges Schutzrecht für sein Gericht gewährt. Während dieses einen Jahres durfte kein anderer dieses Gericht kopieren; nur der Erfinder sollte den geschäftlichen Gewinn aus seiner Erfindung schöpfen. Leider wurde Sybaris bereits um 510 vor Christus – offensichtlich von kulinarischen Banausen – zerstört, sodass keines dieser Rezepte erhalten geblieben ist.

Die ersten Belege für Erfindungsschutz moderner Prägung finden sich bereits im frühen 15. Jahrhundert in den oberitalienischen Stadtstaaten Venedig, Florenz, Genua und Mailand. Dort wurden von den Herrschern so genannte Privilegien für die Erfindung neuer Maschinen oder Methoden gewährt, die oftmals mit Steuerfreiheit und ähnlichen Vergünstigungen für den Privilegieninhaber verbunden waren. Dies war bei den Fürsten dieser Städte ein beliebtes Mittel, um »Know-how«, zum Beispiel zur Seidenherstellung, zur Druckkunst oder zur Errichtung von Bauwerken, zu erwerben und wirtschaftlich unabhängig zu werden.

Das erste nachweisbare Patent wurde 1416 in Venedig einem gewissen Franciscus Petri auf ein Wasserwerk erteilt, und zwar für die Dauer von fünfzig Jahren. 1421 wurde in Florenz dem Künstler und Architekten Filippo Brunelleschi ein Schutzrecht für eine Transportvorrichtung für schwere Lasten auf dem Fluss Arno erteilt. Diese Erfindung diente offensichtlich zur Errichtung der faszinierenden Bauwerke, die Brunelleschi in

Florenz schuf: der Kirchen Santo Spirito und San Lorenzo, des Palazzo Pitti und des Florentinischen Doms. Für den Fall der Verletzung von Brunelleschis Schutzrecht wurde übrigens die Verbrennung der widerrechtlich errichteten Werke angedroht, also ein spektakulärer »Beseitigungsanspruch« gewährt, wie wir in der heutigen Terminologie sagen würden.

Das im Jahre 1474 vom Senat Venedigs erlassene Patentgesetz wird allgemein als das älteste Patentgesetz der Welt angesehen. Der Text dieses Gesetzes ist übrigens noch im vollen Umfang erhalten. Unter den Patentinhabern gemäß diesem venezianischen Recht finden sich Berühmtheiten wie Galileo Galilei, dem 1594 ein Schutzrecht für die Konstruktion einer Vorrichtung zum Heben von Wasser und zum Bewässern des Bodens gewährt wurde.

Solche Privilegiensysteme nach dem Vorbild Venedigs kamen gegen Ende des Mittelalters in ganz Europa auf. Einer der entscheidenden Nachteile des Privilegiensystems war aber, dass der Erfinder keinen Rechtsanspruch auf ein Privileg hatte; es war immer ein reiner Gnadenakt des jeweiligen Landesherrschers, der sich in vielen Fällen auch gut für die Erteilung dieser Privilegien bezahlen ließ. Oft wurde ein Privileg auch gar nicht an den Erfinder erteilt, sondern willkürlich an Dritte, welche beispielsweise die Erfindung nachgemacht hatten oder denen der Landesherr günstig gewogen war und denen er wirtschaftliche Vorteile einräumen wollte. Die damit verbundene Rechtsunsicherheit untergrub das gesamte Privilegiensystem.

Im Jahre 1623 kam es in England erstmals zur Abkehr von diesem Willkürprinzip, indem im »Statue of Monopolis« erstmals der Anspruch des Erfinders auf ein Privileg verankert wurde, womit die willkürliche Erteilung durch den jeweiligen Herrscher unterbunden wurde.

In den USA, wo der Erfindungsschutz sogar in der Verfassung verankert ist, wurde 1790 ebenfalls ein Patentgesetz englischer Prägung unterzeichnet, das »Gesetz, den Fortschritt der nützlichen Künste zu fördern«; 1791 folgte Frankreich dem englischen Beispiel, wobei aber auch die Gedanken der Französischen Revolution eingeflossen sind, nach welchen geistige Eigentumsrechte deren Schöpfer zustanden.

1.2 Länderspezifische Entwicklungen bis zur Jahrhundertwende

1.2.1 Deutschland

In Deutschland war infolge des Dreißigjährigen Krieges (1618–1648) das blühende Handelsleben mitsamt dem Zunft- und Privilegienwesen nahezu gänzlich ausgelöscht worden. Nur langsam entwickelte sich Deutschland vom reinen Agrarstaat zu einem Industriestaat.

Unter dem Einfluss der Gedanken der Französischen Revolution entwickelte sich in der ersten Hälfte des 19. Jahrhunderts eine regionale Patentgesetzgebung teils auf dem Verordnungsweg, teils im Rahmen der Gewerbegesetze. Eine gewisse Angleichung der verschiedenen Patentgesetze in den deutschen Ländern brachte die Übereinkunft zwischen den zollfreien Staaten vom 21. Dezember 1842. Danach sollten die Angehörigen eines anderen deutschen Staates grundsätzlich wie die eigenen Staatsbürger behandelt werden. Ein wirklicher Erfindungsschutz in ganz Deutschland kam jedoch nicht zustande, da trotz Patentierung ein Gegenstand überall eingeführt und verbreitet werden durfte. Lediglich für Patente auf Maschinen und Fabrikswerkzeuge konnte durch Patentschutz die grenzenlose Nachahmung untersagt werden.

Obwohl die einflussreiche Freihandelsschule 1850 jeglichen Erfindungsschutz abgelehnt hatte, da ihrer Ansicht nach durch die Vergabe von Monopolen, die Einzelnen gewährt wurden, die Entwicklung der gesamten Industrie gehindert wurde, setzten sich in der Folge vor allem der Verband Deutscher Ingenieure und die Chemische Gesellschaft erfolgreich für eine Patentgesetzgebung ein. 1872 beantragte der Reichstag die Vorlage eines Gesetzesentwurfs, welcher dann zum ersten Reichspatentgesetz führte, das am 1. Juli 1877 in Kraft trat und das 1891 erstmals umfassend reformiert wurde. Darin wurde der Patentschutz dem Anmelder zuerkannt, gleichgültig ob er Erfinder war oder nicht. Dieses »Anmelderprinzip« gilt im Wesentlichen in den meisten Industriestaaten noch heute (Ausnahme: USA, wo das »Erfinderprinzip« gilt).

Am 1. Juni 1891 kam es dann noch zur Verabschiedung des Gebrauchsmustergesetzes, mit welchem Schutz für »kleinere Erfindungen« erwirkt werden konnte.

1.2.2 Österreich

Auch in Österreich entwickelte sich das Patentrecht aus dem Privilegienwesen heraus. Das älteste Privilegium, das bisher aufgefunden wurde,
trägt das Datum 1. Februar 1536 und wurde von Kaiser Karl V. an Gemma
und Gaspar auf einen »gedruckten und geschmiedeten Globus der ganzen
Erde zugleich mit einem Himmelsglobus« erteilt. Die Privilegienverlei-
hung erfolgte jedoch äußerst selten, war sie doch das ausschließliche
Hoheitsrecht des Monarchen. Die Dauer der Privilegien wurde zwischen
sechs und 31 Jahren angesetzt.

Das erste Privilegiengesetz wurde am 16. Jänner 1810 von Kaiser Franz
erlassen und beruhte auf dem Französischen Patentgesetz von 1791. Mit
diesem Gesetz wurde die Verleihung des Privilegs zu einem dem Bewerber
zugebilligten Recht. Es folgten das zweite und das dritte Privilegiengesetz
in den Jahren 1820 und 1852; insgesamt wurden bis zum Jahre 1899
rund 70.000 Privilegien aufgrund dieser drei Privilegiengesetze erteilt. In
diese Zeit fallen derart bedeutende Erfindungen wie Ressels Schiffsschraube (1826), Maderspergers Nähmaschine (1836) und Mitterhofers Schreib-
maschine (1864). Ressels Schiffsschrauben-Privilegium ist übrigens nach
nur fünf Jahren wegen Nichtzahlung der notwendigen Taxe untergegan-
gen und blieb daher ein »Geistesblitz«, an dem der Erfinder nicht sonder-
lich profitieren konnte.

Die Arbeiten für das heutige österreichische Patentgesetz begannen
1891. Im Jahr 1896 wurde die eng an das deutsche Patentgesetz von 1891
angelehnte endgültige Fassung ausgearbeitet, welche schließlich am
1. Januar 1899 in Kraft trat.

1.2.3 Schweiz

In der Schweiz bezogen sich die im 17. und 18. Jahrhundert erteilten Privilegien vor allem auf das Verbot des Nachdruckens bestimmter Bücher,
jedoch auch technische Neuerungen kamen gelegentlich in den Genuss
des Privilegienschutzes. Ein einheitliches Patentgesetz für das Gebiet der
Schweiz, das eng an das französische Patentgesetz angelehnt war, trat
zwar 1799 in Kraft, es galt jedoch nur bis 1802. Im Anschluss daran kam
es zur kantonalen Patentgesetzgebung, die jedoch keine große Bedeutung
erlangte. Ein erneuter Vorschlag für ein bundesweites Patentgesetz wurde
1882 vom Volk abgelehnt. Nachdem im Rahmen einer Verfassungsrevi-

sion dem Bund die Kompetenz zur Gesetzgebung bezüglich des Erfindungsschutzes zugesprochen wurde, kam es schließlich doch zu einem bundesweiten Patentgesetz, das am 1. Dezember 1907 in Kraft trat.

1.3 Die Entwicklung im 20. Jahrhundert

Die frühen Patentgesetze waren von Land zu Land sehr verschieden. Gegen Ende des 19. Jahrhunderts setzte man immer größere Bemühungen, diese verschiedenen Patentgesetze zumindest bezüglich wesentlicher Grundstandards einander anzugleichen. Als Markstein ist dabei die Unterzeichnung der Pariser Verbandsübereinkunft zum Schutz des gewerblichen Eigentums vom 20. März 1883 (»PVÜ«) zu bezeichnen, in welcher sich die Mitgliedsstaaten auf grundlegende Standards einigten.

Vor allem in Europa setzte sich in den fünfziger und sechziger Jahren des 20. Jahrhunderts eine Initiative zur wesentlichen Angleichung der nationalen Gesetze durch, welche ihren Höhepunkt in der Unterzeichnung des Europäischen Patentübereinkommens (1973) und in der Schaffung des Europäischen Patentamtes hatte. Danach kam es auf internationaler Ebene zu einer Fortführung dieses »Patentrecht-Harmonisierungsprozesses«, welcher vorläufig im TRIPs-Abkommen (Trade Related Aspects of Intellectual Property Rights) mündete, das im Rahmen des Allgemeinen Zoll- und Handelsabkommens (GATT) von den meisten Staaten der Erde unterzeichnet worden ist und mit welchem sich die Unterzeichnerstaaten sowohl zur Einhaltung der in der PVÜ vorgeschriebenen Mindeststandards wie auch einiger darüber hinausgehender weiterer Grundsätze verpflichteten.

Diese Harmonisierungsbemühungen werden auf internationaler und auf EU-Ebene intensiv fortgesetzt, sodass sich auf diese Weise das Patent- und Gebrauchsmusterrecht fortentwickeln kann.

Die Angleichungsbestrebungen im 20. Jahrhundert hatten zur Folge, dass sich die Patentgesetze in Deutschland, Österreich und der Schweiz vom materiellen Recht her heute praktisch nicht mehr unterscheiden. Die Unterschiede in den einzelnen Ländern liegen heute eher im formalrechtlichen bzw. verfahrensrechtlichen Bereich.

Gerade in der internationalen Vereinheitlichung dieser formal- und verfahrensrechtlichen Fragen konnte im Juni 2000 ein entscheidender **21**

Durchbruch erzielt werden: der Patentrechtsvertrag (Patent Law Treaty – PLT) wurde beschlossen, mit welchem derartige Fragen weltweit vereinfacht und einheitlicher gemacht werden sollen. Der PLT regelt beispielsweise die Anforderungen bei der Einreichung und die Form der Patentanmeldung beim Patentvertreterwesen, bei der Zustellung von amtlichen Schriftstücken oder bei Rechtsinstrumenten wie Nichtigerklärung oder Wiedereinsetzung von Patenten.

Im Juli 2000 wurden weiters die Weichenstellungen für die große Reform des Europäischen Patentübereinkommens (EPÜ) getroffen (die erste wesentliche Reform seit über 25 Jahren), die auf einer für November 2000 geplanten Diplomatischen Konferenz in einem ersten Teil beschlossen werden soll; eine zweite Konferenz ist für das erste Halbjahr 2001 vorgesehen. Die Details zu dieser Reform sind bereits in den Kapiteln 4 und 13 des vorliegenden Buches eingearbeitet.

Über das Jahr 2000 verteilt treten auch die Bestimmungen in Kraft, die durch die im November 1999 beschlossene Patentrechtsnovelle in den USA vorgesehen wurden (Details in Kapitel 15).

Ebenfalls im Jahr 2000 wird von der Europäischen Kommission ein Entwurf für ein einheitliches Patent für die Europäische Union vorgestellt (das »Gemeinschaftspatent«), das als Alternative zum gegenwärtigen europäischen Patent gemäß dem EPÜ dienen soll.

Exkurs: Die Arten des geistigen Eigentums

Patente und Gebrauchsmuster sind so genannte technische Schutzrechte und zählen zusammen mit den Gebrauchsmustern und den Marken sowie den Sortenschutzrechten und den Halbleiterschutzrechten zu den gewerblichen Schutzrechten. Ihnen ist gemeinsam, dass sie aufgrund eines Antrages nach einer Prüfung von einem Patentamt (Sortenschutzrechte von Sortenschutzamt) erteilt und in einem Register erfasst werden. Unter geistigem Eigentum versteht man die Rechte, die aus einer geistigen Schöpfung erfließen können. Dazu gehören alle gewerblichen Schutzrechte und das Urheberrecht. Dieses Urheberrecht ist in Europa und in vielen anderen Ländern generell nirgends registriert und entsteht von selbst – also auch ohne dass Kosten zum Erwerb dieser Rechte aufgewendet werden müssten. Nachdem ursprünglich bei uns Urheberrechte nur für künstlerische Werke gedacht waren, zählte man es nicht zum gewerblichen Eigentum. Im Laufe der Zeit haben sich diese Anschauung, die

Rechtsprechung und auch der Gesetzestext stark verändert, sodass diese Unterscheidung nicht mehr zeitgemäß ist. Auch die meisten Urheberrechte werden heute vielfach gewerblich genützt (man denke nur an Werbesprüche, Computerprogramme und Datenbanken oder die Schallplattenindustrie und die Wiedergabe von Fernsehsendungen und Musik in Lokalen).

Technische Schutzrechte schützen eine Idee, ein technisches Prinzip, welches sprachlich umschrieben ist und eine Vielzahl von Ausführungsformen umfasst. Alle anderen Schutzrechte schützen eine spezielle Form oder einen speziellen Ausdruck, aber in der Regel nicht die abstrakte Idee, die dahintersteckt. So schützt das Urheberrecht das spezielle Werk in seiner individuellen Ausgestaltung, das Muster (Geschmacksmuster) die spezielle Form (äußeres Aussehen) eines Gegenstandes, der Sortenschutz eine bestimmte neue Pflanzensorte, die aus einer neuen Züchtung hervorgegangen ist, und die Marke ein bestimmtes Wort oder Bild oder eine Kombination von beidem zur Verwendung als Kennzeichen sowie ein Halbleiterschutzrecht den speziellen Aufbau eines Computerchips.

Einige Beispiele:

▸ Technische Schutzrechte schützen die Technik der Schallplattenaufnahme und die Schallplatte und ihre Herstellung, das Urheberrecht aber die Sprach- oder Musikaufnahme auf ihr.

▸ Technische Schutzrechte schützen den generell-abstrakten Aufbau eines Computerprogrammes (Algorithmus, Programmlogik) gegen dessen Benutzung für ein Programm, das Urheberrecht jedoch ein spezielles Programm gegen Kopieren.

▸ Technische Schutzrechte schützen den technischen Aufbau eines Fernsehgerätes, das Muster die Form des Gehäuses gegen Nachbau und das Urheberrecht die Filmwerke, die über das Fernsehgerät abgespielt und betrachtet werden können. Damit Sie wissen, dass Ihr Fernseher ein bestimmtes Fabrikat ist, trägt er auch eine Marke. Diese Marke – ob nun Wort oder Bild – dient als Kennzeichen für die Herkunft von einem bestimmten Händler oder der Erzeugungsstätte.

▸ Ein Auto trägt meist mindestens zwei Marken (etwa »Fiat« und »Panda« oder »Ford« und »Mustang«). Auch ein bestimmter Kühlergrill oder der »Mercedes«-Stern sind Marken. Ein Auto fährt aber nur aufgrund von viel Technik, die in ihren verschiedensten Details durch technische Schutzrechte geschützt sein kann. Ein wesentlicher Teil Ihres Kaufentscheides beruht andererseits auf der Form der Karosserie und bestimmter Ausgestaltungen des Inneren (Sitze, Schaltknüppel, Amarturendesign), was alles Gegenstand des Musterschutzes ist. Nicht nur die Musik, die Sie beim Fahren hören, sondern auch die speziellen Computerprogramme, die zu den verschiedensten Steuerungsvorgängen benutzt werden, sind durch Urheberrecht geschützt. Diese Programme laufen über Computerchips oder sind gar in diesem implementiert, wobei die speziellen Chips wieder über Haltbleiterschutzrechte geschützt sein können. Und die Blumen, die Sie mitbringen, sowie das Gemüse oder Obst für Ihr Essen können neuerdings durch Sortenschutzrechte geschützte Sorten sein. Freilich, diese Pflanzenprodukte könnten auch wieder patentgeschützt sein (Stichwort Gentechnik), womit wir wieder bei den technischen Schutzrechten sind, auf die wir uns im Folgenden konzentrieren werden.

Watts Dampfmaschine

Der Schotte James Watt (1736–1819) war von Kinderzeit an äußerst geschickt im technischen Konstruieren von verschiedensten Instrumenten und Maschinen. Nach seiner Mechanikerlehre eröff-

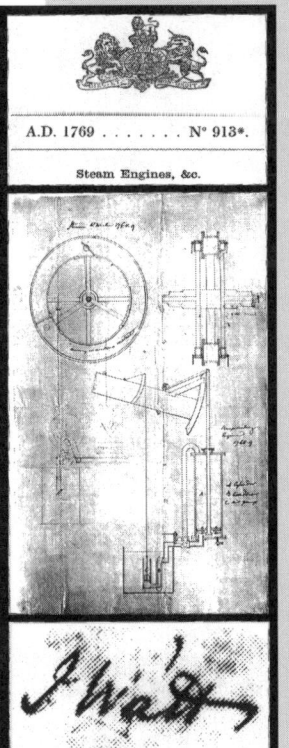

nete er im Gebäudekomplex der Universität Glasgow eine kleine Werkstatt. Er reparierte alles Mögliche, angefangen von wissenschaftlichen Apparaturen bis zu Musikinstrumenten (obwohl Watt selbst völlig unmusikalisch war).

Es existierten zu dieser Zeit bereits einige primitive Dampfmaschinen, die vor allem als Wasserpumpen im Bergwerksbau verwendet wurden, die jedoch einen ungeheuren Brennstoffverbrauch und zahlreiche andere Unvollkommenheiten aufwiesen und daher nicht zu Unrecht »Feuerteufel« genannt wurden.

Als Watt eines Tages ein Modell der damals gängigsten Dampfmaschine von Thomas Newcomen für die Universität reparieren sollte, grübelte er lange über dem dampfenden und zischenden Gerät. »Da liegt doch irgendein Fehler vor«, murmelte er, »was ist das bloß? Die Maschine braucht viel, viel mehr Dampf, als zum Betreiben eigentlich notwendig wäre.«

Watt ging – wie üblich – planmäßig an die Lösung des Problems, fügte dort eine Stange ein, verkürzte da eine andere, bastelte oben, unten, hinten und vorne an der Maschine herum – vorerst ohne Erfolg. Erst als ihn seine Frau eines Sonntagmorgens »gezwungen« hatte, seine Arbeit zu unterbrechen und einen Spaziergang mit Sohn William zu unternehmen, sollte sich das ändern. Es war ein wun-

derschöner sonniger und friedlicher Sonntag, und Klein William war gerade dabei, einige Blümchen für Mama zu pflücken, als Vater James innehielt, wild gestikulierend seinen Junior an der Hand fasste und mit ihm zurück nach Hause stürmte. Ihm war gerade die Lösung des Problems eingefallen:

Während die Dampf-Kondensation bei der Newcomen-Maschine im Zylinder stattfand, wofür immer eine starke Abkühlung des Antriebszylinders notwendig war, wonach dieser wiederum mit heißem Dampf aufgeheizt werden musste, hatte James Watt den »Geistesblitz«, die Kondensation des heißen Dampfes in einem getrennten Kondensator vorzunehmen, sodass der Antriebszylinder nicht mehr abgekühlt werden musste, sondern bei unverändert hohen Temperaturen weiterarbeiten konnte.

In diesem Augenblick wurde die seit Jahrhunderten umworbene Naturgewalt des Dampfes und des Feuers endgültig gebändigt; es war die Geburtsstunde der industriellen Revolution, gemeinhin der historische Übergang von der Agrar- zur Industriegesellschaft.

Watts Dampfmaschine und der getrennte Kondensator wurden im Jahr 1769 patentiert (GB-Patent Nr. 913). Lange Zeit war die Verwertung der Erfindung jedoch erfolglos. Erst als sich Watt 1774 mit dem Maschinenfabrikanten Matthew Boulton zusammentat, wurde die Kommerzialisierung konkret. Die Firma Boulton & Watt wendete zwar zunächst für die damalige Zeit enorme Summen zur weiteren Entwicklung der Dampfmaschine auf, jedoch setzten sich die technisch ohnehin überlegenen Maschinen auch am Markt durch. Das Patent Nr. 913 von Watt sowie Weiterentwicklungen, mit denen beispielsweise die Energie auf ein Schwungrad übertragen werden konnte (ebenfalls patentiert), waren von so grundlegender Bedeutung für die entstehende Schwerindustrie, dass sie nicht nur ganze Industriezweige wie die Textil- oder die Kohleindustrie revolutionierten, sondern um die Jahrhundertwende, als die Dampfmaschine auf Räder gestellt wurde, auch die rasche Entwicklung der Eisenbahn ermöglichten. Mit einem Beschluss des englischen Unterhauses wurde die Laufdauer des Grundlagen-Patents Nr. 913, die eigentlich im Jahr 1783 geendet hätte, sogar bis ins Jahr 1800 verlängert, also auf eine Schutzdauer von insgesamt 31 Jahren.

Natürlich fanden sich auch allerlei Nachahmer dieser Maschinen, die die ausgeklügelten Lizenzgebühren nicht an die Firma Boulton & Watt abliefern wollten. Gegen diese Patentverletzer wurde von Boulton & Watt rigoros vorgegangen. Die Firma war daher in eine Vielzahl von Patentprozessen involviert (allein im Jahr 1794 waren zwölf Verfahren anhängig), wobei alle diese Prozesse von Boulton & Watt gewonnen wurden. Diese Patente waren daher nicht nur von grundlegender technologischer Bedeutung, sondern auch kommerziell ungeheuer erfolgreich. Zwanzig Jahre nach der Gründung von Boultons und Watts Fabrik in Soho liefen schon über 5.000 Dampfmaschinen in England und Schottland. Mit Hilfe der Dampfmaschinen wurde England bald zum bedeutendsten Industriestaat der Welt. Man nannte sie fortan nicht mehr die »Feuerteufel«, sondern die »Eisernen Engel«.

2 Was ist ein Patent?

Ein Patent ist ein vom Staat verliehenes Recht auf ausschließliche Verwertung einer Erfindung. Dies bedeutet nicht unbedingt, dass ein Patentinhaber sein Schutzrecht durch Vermarktung eines patentgemäßen Produkts auch selbst ausüben kann; es besteht durchaus die Möglichkeit, dass ein Patent von einem anderen, älteren Patent abhängig ist, beispielsweise wenn jemand eine Verbesserung eines an sich bereits von jemand anderem patentierten Verfahrens, einer Maschine oder einer Vorrichtung patentieren lässt. In solch einem Fall ist eine uneingeschränkte Nutzung für beide Patentinhaber nur bei gegenseitiger Lizenzvergabe (»cross-licensing«) möglich.

Mit einem Patent wird die Erfindung jedenfalls vor unbefugter Nachahmung geschützt. Die Wirkung des Patents besteht hierbei darin, dass der Patentinhaber befugt ist, andere daran zu hindern, den Gegenstand der Erfindung betriebsmäßig herzustellen, in Verkehr zu bringen, feilzuhalten oder zu gebrauchen. Des Weiteren kann der Patentinhaber auch den Import des Erfindungsgegenstandes zu den oben genannten Zwecken oder den Besitz desselben verhindern. Persönliche Bedürfnisse sind dabei ausgenommen, das heißt, ein Import etwa eines im Inland patentierten Videorecorders aus dem patentfreien Ausland zur privaten Benutzung kann durch Patente nicht verhindert werden. Mit der geplanten Gesetzesnovelle in Österreich erstreckt sich der Schutz eines Patents dann auch auf Dritte hinsichtlich mittelbarer Patentverletzung, zum Beispiel durch Lieferung spezieller Teile, die nun patentgemäß Verwendung finden können.

Das Patent dient dazu, die Forschung anzukurbeln und zu beleben. Der Sinn des Schutzrechtes ist es, auf einen gewissen Zeitraum, in den meisten Ländern 20 Jahre ab Anmeldedatum, eine Erfindung ausschließlich dem Inhaber verfügbar zu machen, wobei als Gegenleistung die Erfindung genau und ausführlich beschrieben werden muss. Damit soll jeder Fachmann in der Lage sein, anhand der Beschreibung die Erfindung nachvollziehen und diese nach Wegfall des Patentschutzes gewerblich nutzen zu können.

Dementsprechend soll eine **Patentanmeldung** auch aufgebaut sein. Sie muss aus einer Beschreibung des Erfindungsgegenstandes, den ausformu-

lierten Patentansprüchen zur Kennzeichnung des gewünschten Schutzbe-
reiches, einer Zusammenfassung zur bibliografischen Erfassung sowie
gegebenenfalls aus Zeichnungen zur Verdeutlichung der Erfindung bestehen. In der Beschreibung sollten Beispiele vorhanden sein, die es dem
Fachmann ermöglichen, den Gegenstand der Erfindung wirklich exakt
nachzuarbeiten. Zum Anmeldezeitpunkt müssen alle Daten, Spezifikatio-
nen, Ergebnisse und Ausführungsformen in der Beschreibung vorhanden
sein; ein späteres Hinzufügen von neuen Merkmalen oder Variationen der
Erfindung in bereits eingereichte Anmeldungen ist in der Regel nicht
möglich.

Ein Patent ist also ein zeitlich begrenztes Ausschließungsrecht für einen
vom **Patentanmelder** bzw. -inhaber im Zuge des Anmeldeverfahrens
bestimmten Schutzbereich einer Erfindung. Um nicht durch komplizierte
Besitzfragen gleich zu Beginn gehemmt zu werden, gilt vor dem Österreichischen, Deutschen, Schweizer und Europäischen Patentamt der Anmelder auch als berechtigt, die Patentanmeldung einzureichen. Falls dieser in
böser Absicht handelte, sind in den jeweiligen Patentgesetzen Möglichkeiten vorgesehen, dem tatsächlichen Besitzer einer Erfindung zu seinem
Recht zu verhelfen. In solch einem Fall wird dringend zu anwaltlicher
Hilfe geraten.

Die Patentämter führen **Register** zu Patentanmeldungen und erteilten
Patente. Diese Register haben in Österreich – ähnlich wie das Grund-
buch – konstitutive Wirkung, das heißt, es gilt vorerst der bzw. die einge-
tragene/n Patentinhaber als tatsächliche Patentinhaber. Anders in
Deutschland oder der Schweiz: dort hat die so genannte Patentrolle lediglich rechtsbekundende, das heißt verlautbarende, Wirkung. Im Register
bzw. in der Rolle werden nach Erteilung des Patents die Bezeichnung des
Patents, Name und Wohnort des Patentinhabers und gegebenenfalls seiner Vertreter sowie Details zu Laufzeit und Gültigkeit des Patents ver-
merkt. Eine Änderung der Person des Patentinhabers wird nur auf Antrag
ebenfalls eingetragen, das heißt, der neue Patentinhaber muss sich selbst
darum kümmern, einen eventuellen Rechtsübergang auch registrieren zu
lassen.

Nachdem eine Patentanmeldung eingereicht wurde, wird sie vom Patentamt formal daraufhin geprüft, ob die gesetzlichen Voraussetzungen auch
wirklich erfüllt wurden (Details dieser Voraussetzungen folgen später). In

Deutschland und Österreich oder etwa vor dem Europäischen Patentamt, jedoch nicht in der Schweiz, wird die Erfindung dann noch hinsichtlich Neuheit und Erfindungshöhe durch technische Fachleute (Prüfer) geprüft.

Für Patentanmeldungen muss man zurzeit noch zwischen Österreich und Deutschland unterscheiden; in Österreich ist das Prüfungsverfahren vor der Patenterteilung geheim, Details über die Prüfung können erst nach Abschluss derselben und Auslegung der Unterlagen erfahren werden. Auch in der Schweiz erfolgt die Veröffentlichung erst mit der Erteilung. Anders in Deutschland und vor dem Europäischen Patentamt: dort wird eine Patentanmeldung nach 18 Monaten veröffentlicht, das Prüfungsverfahren kann danach mittels Einsicht in die Prüfungsakten von jedem Interessierten mitverfolgt werden. Mit der (noch nicht in Kraft getretenen) Patentgesetz-Novelle soll in Österreich in Zukunft auch eine Veröffentlichung der Anmeldung nach 18 Monaten vorgesehen werden. Ab diesem Zeitpunkt der Veröffentlichung ist dann auch eine Akteneinsicht möglich.

Die Patentämter veröffentlichen Beschreibung, Ansprüche, Zeichnungen und Zusammenfassung der Anmeldungen, wie sie eingereicht wurden (Deutschland, Europäisches Patentamt, in Zukunft auch Österreich, oder auch von so genannten internationalen Anmeldungen nach dem PCT [Patent Cooperation Treaty, vgl. Kapitel 14], von der Weltorganisation für Geistiges Eigentum), und/oder Beschreibung, Patentansprüche, Zeichnungen und Zusammenfassung der erteilten Patente (Österreich, Deutschland, Schweiz, Europäisches Patentamt) in Form von Druckschriften (Patentschriften). Diese Patentschriften dienen zur Information der Öffentlichkeit über eingereichte Anmeldungen (Deutschland, Europäisches Patentamt, PCT-Amt, in Zukunft auch Österreich) und erteilte Patente (Österreich, Deutschland, Schweiz, Europäisches Patentamt).

Jedermann steht es frei, nach Veröffentlichung bzw. nach Erteilung in solche Patentschriften und in die zur Erteilung führenden Akten Einsicht zu nehmen und sich über den letzten Stand der Entwicklung auf einem bestimmten Sektor zu informieren. Speziell vor der Tätigung größerer Investitionen hinsichtlich eines neuen Verfahrensablaufs, einer neuen Maschine oder eines neuen Produkts empfiehlt es sich auf jeden Fall, eine umfassende Patentrecherche vorzunehmen, will man nicht plötzlich durch ein erst kurz zuvor erteiltes Patent an dem Ergebnis der Investition gehindert werden. Ebenso ist es zweckmäßig, bei der Entwicklung einer Erfindung solche Recherchen durchzuführen, um festzustellen, welche Vorschläge in der Patentliteratur bereits enthalten sind. Solche Recherchen können in einschlägigen Bibliotheken (etwa der Patentämter) oder in Datenbanken vorgenommen werden oder auch direkt von den Patentämtern, die Recherchen als Serviceleistung anbieten (Dauer in der Regel einige Wochen ab Antrag).

Weiters werden von den Patentämtern periodisch erscheinende Zeitschriften (Patentblatt, Blatt für Patent-, Muster- und Zeichenwesen) herausgegeben, in welchen Kundmachungen, Verordnungen, Entscheidungen und dergleichen verlautbart werden.

Anhand eines Beispiels werden nun die insbesondere in den Deckblättern der Patentschriften enthaltenen Informationen erläutert (vgl. Abb. Seite 33):

Die jeweiligen Informationen sind durch Zahlen codiert (so genannte INID-Codes). Dadurch ist auch bei fremdsprachigen Patentschriften zumindest eine Identifizierung von Anmelde- bzw. Veröffentlichungsdatum, Patentnummer, Inhaber und dergleichen möglich. Die wichtigsten Codes sind dabei folgende:

11 – Veröffentlichungsnummer

21 – Anmeldenummer bzw. Aktenzeichen

22 – Anmeldedatum

24 – Erteilungsdatum

30 – Prioritätsdaten, d. h. Datum und Aktenzeichen derjenigen Patentanmeldung, deren Priorität in Anspruch genommen wird

42 – Beginn der Patentdauer

43 – Veröffentlichung der Anmeldung (besonders wichtig, wenn das Dokument in einem Prüfungsverfahren als Stand der Technik genannt wird)

45 – Veröffentlichungsdatum der Patentschrift

51 – Klassifizierung der Patentanmeldung bzw. des Patents hinsichtlich des technischen Fachgebietes

54 – Titel der Patentanmeldung bzw. des Patents

56 – Angabe von Druckschriften, die im Prüfungsverfahren berücksichtigt wurden

57 – Zusammenfassung

CH 687 606 A5

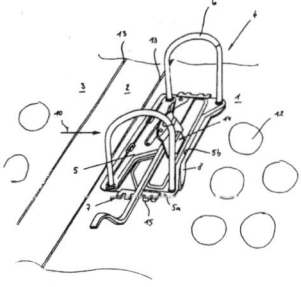

SCHWEIZERISCHE EIDGENOSSENSCHAFT
EIDGENÖSSISCHES INSTITUT FÜR GEISTIGES EIGENTUM

(19)

(11) **CH 687 606 A5**

(51) Int. Cl.[6]: B 42 F 013/00

Erfindungspatent für die Schweiz und Liechtenstein
Schweizerisch-liechtensteinischer Patentschutzvertrag vom 22. Dezember 1978

(12) **PATENTSCHRIFT** A5

(21) Gesuchsnummer:	00257/94	(73) Inhaber: Kores Holding Zug AG, Baarerstrasse 57, 6300 Zug (CH)	
(22) Anmeldungsdatum:	28.01.1994		
		(72) Erfinder: Koreska, Peter, Wien (AT)	
(24) Patent erteilt:	15.01.1997		
(45) Patentschrift veröffentlicht:	15.01.1997	(74) Vertreter: Patentanwälte Schaad, Balass, Menzl & Partner AG, Dufourstrasse 101, 8034 Zürich (CH)	

(54) Ordner zum Aufbewahren von Papierblättern.

(57) Ein Ordner zum Aufbewahren von Papierblättern, ab-
heftbaren Hüllen, oder ähnlichem, weist ein Wandteil
(1), gegebenenfalls ein Rückenteil (2) und gegebenenfalls
wenigstens ein Deckelteil (3) auf, wobei letztere mit dem
Wandteil (1) einstückig geformt sind. Eine Aufreiheinrich-
tung (4) ist an dem Wandteil (1) lösbar befestigbar und
weist wenigstens zwei Halteleisten (5a, 5b) an einer Halte-
rung (5) für eine insbesondere als Bügelmechanik ausge-
bildete Festhaltemechanik auf. Wenigstens zwei erste (5a)
dieser wenigstens zwei Halteleisten sind zueinander paral-
lel angeordnet. Der Wandteil (1) weist zwei, mit dem
Wandteil (1) einstückig geformte Schienen (7) auf, in die
die zwei ersten Halteleisten (5a) eingeschoben bzw. einge-
steckt werden können. Der Wandteil (1) weist ausserdem
wenigstens einen mit dem Wandteil (1) einstückig geform-
ten Anschlag (8) zur Begrenzung des Einschubs der Hal-
terung (5) auf.

CH 687 606 A5

71 – Anmelder
72 – Erfinder
73 – Patentinhaber
74 – Vertreter des Patentanmelders
75 – Erfinder, die gleichzeitig Anmelder sind (besonders wichtig für die USA)
81 – Bestimmungsstaaten (für PCT-Anmeldungen)
84 – benannte Vertragsstaaten (für europäische Patentanmeldungen und europäische Patente)

Zur **Klassifizierung** (Code Nr. 51): Das gesamte Gebiet der Technik wurde in so genannte Patentklassen eingeteilt, um ein Auffinden des Dokumentes bei Sachrecherchen sowohl von den Prüfern der Patentämter als auch durch jeden Interessenten zu erleichtern. Es liegt auf der Hand, dass es internationale Recherchen, also in der Patentliteratur verschiedener Länder, ungemein erleichtert, wenn alle Länder dieselbe Klasseneinteilung benutzen. Deshalb hat sich die unter der Leitung der Weltorganisation für Geistiges Eigentum entwickelte »Internationale Patentklassifizierung« (IPC) in den meisten Staaten durchgesetzt, die für alle hier in Betracht gezogenen Patente, Gebrauchsmuster und Anmeldungen gilt. Die IPC ist in acht Sektionen unterteilt, nämlich Sektion A »Täglicher Bedarf«, Sektion B »Arbeitsverfahren; Transportieren«, Sektion C »Chemie; Hüttenwesen«, Sektion D »Textilien; Papier«, Sektion E »Bauwesen; Erdbohren; Bergbau«, Sektion F »Maschinenbau; Beleuchtung; Heizung; Waffen; Sprengen«, Sektion G »Physik« und Sektion H »Elektrotechnik«.

Diese Sektionen sind wieder in Untersektionen geteilt (so genannte Unterklassen) und diese wieder in einzelne Gruppen. So hat beispielsweise die Sektion A die Untersektion A63 »Sport; Spiele; Volksbelustigungen«, diese eine Gruppe A63C »Schlittschuhe; Ski; Rollschuhe; Entwurf oder Anordnung von Spielplätzen, Sportbahnen oder dergleichen«. In dieser findet man unter Ziffer 13/00 »Schneeschuhe«.

Auf dem Deckblatt etwa des Schweizer Patents CH 687 606 (siehe Abb. Seite 33) ist die internationale Klasse B42F 13/00 – es handelt sich hier um einen Ringordner – angegeben. Nach dem Klassenverzeichnis bedeutet dies, dass wir uns auf dem Gebiet der »Einrichtungen zum Ordnen bzw. Ablegen mit in Löcher oder Schlitze eingreifenden Vorrichtungen« befinden. Möchte man also auf diesem Gebiet die bisherige Entwicklung und die Vorschläge erfahren, muss man die Patentschriften in Klasse B42F 13/00 heraussuchen.

Es zeigt sich also deutlich, dass diese internationale Klasseneinteilung (IPC) für die immer notwendiger werdenden Recherchen als Grundlage unentbehrlich ist.

Die Laufzeit, also die zeitliche Dauer von Patenten beträgt nach Anpassung an das TRIPs-Abkommen nun allgemein 20 Jahre ab Anmeldetag (Code Nr. 22), wobei jährlich progressiv steigende Gebühren an die nationalen Patentämter zur Aufrechterhaltung der Patente zu bezahlen sind. Diese Jahresgebühren können bis zu zwei Monate vor und bis zu sechs Monate nach dem Jahrestag der Patentanmeldung bzw. – zurzeit noch für Österreich – dem Jahrestag der Patenterteilung (Code Nr. 24) bezahlt werden; innerhalb der sechsmonatigen Frist nach dem Jahrestag ist jedoch ein Zuschlag als Strafgebühr zu entrichten. Die geplante Gesetzesnovelle in Österreich soll die Fälligkeit von Jahresgebühren ab dem dritten Jahrestag der Anmeldung vorsehen.

Allgemein können Patente für Produkte, egal welcher Art, für Verfahren (einschließlich chemischer Herstellungsverfahren), für Vorrichtungen (Maschinen, aber auch ganze Fabriksanlagen) und für Verwendungen erteilt werden. Die genaue Abfassung eines Schutzbegehrens, das heißt die Formulierung der Patentansprüche und damit auch die Auswahl der Anspruchskategorien (Verfahrens-, Verwendungs- oder Produktansprüche), ist maßgebend für die spätere Durchsetzbarkeit eines Schutzrechtes.

Obwohl ein Patentanspruch auf den ersten Blick recht einfach aufgebaut erscheinen mag, ist die exakte Ausformulierung eines Schutzbegehrens doch eine Kunst für sich. Dabei fließen nicht zuletzt auch Fragen, die sich erst im Zuge eines Verletzungsverfahrens ergeben können, bereits im Anmeldestadium eines Patents ein. Die Inanspruchnahme eines Spezialisten auf diesem Gebiet erscheint dringend ratsam, insbesondere da nach Erteilung eines Patents die Patentansprüche nicht mehr geändert (nur mehr eingeschränkt) werden dürfen.

(19) Republik
Österreich
Patentamt

(11) Nummer: AT **398 782 B**

(12)

PATENTSCHRIFT

(21) Anmeldenummer: 713/88

(22) Anmeldetag: 17. 3.1988

(42) Beginn der Patentdauer: 15. 6.1994

(45) Ausgabetag: 25. 1.1995

(51) Int.Cl.^{6} : **C12N 15/40**
C12N 5/10, C07K 15/04, C12P 21/00, A61K 37/02

(30) Priorität:

20. 3.1987 EP 87104114 beansprucht.
29. 2.1988 EP 88103003 beansprucht.

(56) Entgegenhaltungen:

FEBS LETTERS, VOL. 200, 1986; S 317-321

(73) Patentinhaber:

IMMUNO AKTIENGESELLSCHAFT
A-1221 WIEN (AT).

(72) Erfinder:

HEINZ FRANZ XAVER DR.
MÖDLING, NIEDERÖSTERREICH (AT).
KUNZ CHRISTIAN DR.
WIEN (AT).
MANDL CHRISTIAN MAG.
WIEN (AT).
DORNER FRIEDRICH DR.
WIEN (AT).
BODEMER WALTER DR.
WIEN (AT).

(54) DNA- UND RNA-MOLEKÜLE DES WESTLICHEN SUBTYPS DES FSME-VIRUS, POLYPEPTIDE, DIE VON DIESEN MOLEKÜLEN CODIERT WERDEN, UND DEREN VERWENDUNG

(57)   Es wird ein DNA-Molekül beschrieben, welches eine vom westlichen Subtyp des FSME-Virus abgeleitete DNA umfaßt, die zumindest teilweise für die Proteine C, prM, M oder E des westlichen Subtyps des FSME-Virus codiert.
    Weiters wird ein RNA-Molekül beschrieben, das von der RNA des westlichen Subtyps des FSME-Virus abgeleitet ist und für die genannten Proteine codiert.
    Weiters werden Vektoren mit Insertionen von DNA-Sequenzen oder RNA-Sequenzen und Zellkulturen, die derartige Sequenzen enthalten, beschrieben.
    Schließlich umfaßt die Erfindung Peptide und Polypeptide, die Aminosäuresequenzen enthalten, die durch Nukleotidsequenzen entsprechend den angeführten DNA- und RNA-Molekülen codiert werden, und schließlich Impfstoffe und diagnostische Mittel.

AT 398 782 B

Abbildung: Deckblatt der Patentschrift AT 398 782 B

Charles Goodyears Gummi

Charles Goodyear (1800–1860) wollte eigentlich Priester oder Advokat werden, sein Vater bestand aber darauf, dass er die väterliche Mechanikerwerkstatt übernehmen sollte. Obwohl oder gerade weil Charles eine rasche Auffassungsgabe und einen kolossalen Ideenreichtum hatte, hielt er es dort nicht lange aus. Er zog hinaus, um zunächst »Schiffbruch« zu erleiden, denn leider hatte er ein zu gutes Herz und eine zu große Freude am Geldausgeben. Den harten Geschäftsmethoden der »großen Welt« war er nicht gewachsen, was ihn schließlich zeitweilig sogar ins Schuldgefängnis brachte.

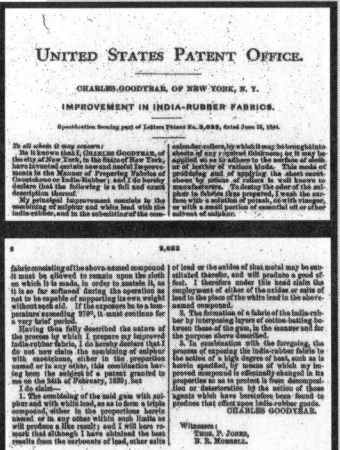

Als ihm ein Gummiverkäufer erzählte, dass die Gummiindustrie vor dem Ruin stünde, weil es einfach keine Methode gäbe, um aus dem klebrigen Rohkautschuk ein Material zu formen, das zwar elastisch bleiben, aber seine Klebrigkeit verlieren und an Widerstandsfähigkeit gewinnen würde, wurde Goodyear hellhörig. Als ihm der Verkäufer auch noch sagte, dass man mit einem solchen Verfahren ein Vermögen verdienen könnte, war für Goodyear klar, dass er es sein würde, der dieses Vermögen verdienen sollte.

Wie ein Besessener arbeitete er daraufhin an der Entwicklung dieses Verfahrens. Nach unzähligen Fehlschlägen, dem Bankrott von zwei Goodyear-Firmen und dem allgemeinen Zusammenbruch der Wirtschaft während der Wirtschaftskrise 1836 entwickelte Goodyear schließlich im Jahr 1839 das bahnbrechende Vulkanisationsverfahren: Er fand heraus, dass man einen hitze- und kältebeständigen Gummi durch Hitzebehandlung des Kautschuks mit Schwefel bei 140 bis 150 Grad Celsius erhielt.

Goodyear hatte zwar jetzt ein perfektes Verfahren, aber niemand glaubte nach den vielen vergeblichen Versuchen mehr an ihn. Erst 1844 konnte er mit einem Darlehen in Naogatuck (Connecticut)

eine Fabrik gründen, die viele Jahre das Zentrum der amerikanischen Gummiindustrie bleiben sollte. Erst zu diesem Zeitpunkt fand er auch Gelegenheit, die Erfindung zum Patent anzumelden (US-Patent Nr. 3633). Doch da traf ihn erneut ein harter Schlag: Er musste erkennen, dass dasselbe Verfahren bereits ein Jahr zuvor einer seiner ehemaligen Mitarbeiter, Thomas Hancock, zum Patent angemeldet hatte, der somit den finanziellen Ruhm aus der Erfindung schöpfen wollte.

Doch auch diesmal gab Goodyear nicht auf. Er nahm sich den damals besten Anwalt Amerikas, Daniel Webster, welcher die Patentrechte an Goodyears Erfindungen für ihn zurückholen sollte. In einem eindrucksvollen Plädoyer konnte Webster das Gericht davon überzeugen, dass Hancock ein Gauner war und die Rechte an der Erfindung nur Goodyear zustehen konnten. Dieses Plädoyer, das übrigens noch heute in den Gerichtsakten nachgelesen werden kann, kostete Goodyear zwar die Kleinigkeit von 25.000 Dollar, aber nun gehörte das viele Millionen Dollar schwere Patent ihm allein.

Doch anstelle sich zur Ruhe zu setzen und auf sein durch die zu erwartenden enormen Lizenzgebühren am Patent hereinkommendes Vermögen zu achten, trachtete Goodyear nur danach, seine Erfindung immer weiter zu verbessern, und vernachlässigte darüber seine Fabrik.

Zwar erlangte er mit seinen sensationellen Präsentationen auf den Weltausstellungen London 1851 und Paris 1855 großen Ruhm, jedoch geriet er in Europa erneut in Zahlungsschwierigkeiten und musste abermals ins Gefängnis. 1858 musste er feststellen, dass in seiner Firma große Geldsummen veruntreut worden waren, und er starb 1860 nicht als wohlhabender Mann, sondern mit 200.000 Dollar Schulden.

Mit Goodyears Lebenswerk im Hintergrund gelang es aber einem jungen Mann namens Frank Seyberling in Akron (Ohio) in einem alten Schuppen eine Gummiproduktion aufzuziehen und daraus die größte Gummigesellschaft der Welt zu machen, die auch heute noch den Namen des Schöpfers der grundlegenden Erfindung der Gummiindustrie, Goodyear, trägt.

3   Was ist ein Gebrauchsmuster?

Bei einem Gebrauchsmuster kann man vom kleinen Bruder oder der kleinen Schwester eines Patents sprechen; die Voraussetzungen sind etwas geringer, die Vorschriften etwas einfacher. Im Rahmen der hier behandelten Staaten gibt es Gebrauchsmuster in Österreich und in Deutschland; die Schweiz hat kein solches Schutzrecht. Ebenso wenig gibt es (derzeit) ein europäisches Gebrauchsmuster.

Im Unterschied zu Patenten gibt es sowohl in Österreich als auch in Deutschland eine Neuheitsschonfrist, das heißt, Gebrauchsmuster können auch noch bis zu sechs Monate nach einer bereits erfolgten Veröffentlichung oder öffentlichen Verwendung einer Erfindung durch den Erfinder selbst angemeldet werden, ohne dass diese Eigenveröffentlichung einen neuheitsschädlichen Tatbestand darstellen würde.

Die Erfindungseigenschaft wird bei Gebrauchsmustern etwas niedriger angesetzt, es kann sich sozusagen um eine kleinere Erfindung handeln, die nur wenig über der logischen Weiterentwicklung eines bereits vorhandenen Ausgangspunktes anzusiedeln ist.

Gebrauchsmuster haben auch eine kürzere Laufzeit, sie dauern, bei voller Ausschöpfung der maximalen Laufzeit, bis zu zehn Jahre ab Anmeldedatum. Jahresgebühren sind gleich wie bei einem Patent zu bezahlen, die Beträge sind hierbei jedoch auch niedriger.

Gebrauchsmuster unterliegen nur einer formalen Prüfung durch die Patentämter, die eigentliche sachliche Prüfung wie beim Patent entfällt bei einem Gebrauchsmuster. Die Patentämter geben lediglich Recherchenberichte heraus, anhand derer man sich orientieren kann, ob das Gebrauchsmuster nun tatsächlich neu und ein wenig erfinderisch ist oder ob der Gegenstand des Gebrauchsmusters bereits in den mitgeteilten Dokumenten zu finden ist.

Ein Gebrauchsmuster ist auch schneller zu erlangen als ein Patent, weil, wie gesagt, die sachliche Prüfung entfällt. Zusätzlich besteht die Möglichkeit, ein solches Gebrauchsmuster jederzeit aus einer laufenden Patentanmeldung abzuzweigen und damit ein sofort durchsetzungsfähiges Schutzrecht zu erlangen.

Aufbau und Informationen der Gebrauchsmusterschrift sind wie beim Patent; die dort bereits besprochene Codierung wird auch beim Gebrauchsmuster in der Veröffentlichung verwendet.

(19) Republik
Österreich
Patentamt

(11) Nummer: AT **000 421** U1

(12) **GEBRAUCHSMUSTERSCHRIFT**

(21) Anmeldenummer: 162/94

(22) Anmeldetag: 5. 7.1994

(42) Beginn der Schutzdauer: 15. 9.1995

(45) Ausgabetag: 25.10.1995

(51) Int.Cl.^{6} : **A61M 5/31**
A61M 25/01

(73) Gebrauchsmusterinhaber:

IMMUNO AKTIENGESELLSCHAFT
A-1221 WIEN (AT).

(72) Erfinder:

HABISON GEORG DR.
WIEN (AT).
KELLNER ANDREAS ING.
ULRICHSKIRCHEN, NIEDERÖSTERREICH (AT).
HOLZMÜLLER PETER DR.
WIEN (AT).

(54) ADAPTERHÜLSE UND KATHETER-SET MIT EINER SOLCHEN ADAPTERHÜLSE

(57) Vorgeschlagen wird eine Adapterhülse (19) für einen an ein Anschlußstück (9) einer Gewebeklebstoff-Applikationsvorrichtung (1) stirnseitig anschließenden Katheter (16), insbesondere für die minimal invasive Chirurgie, mit einem an den Innendurchmesser üblicher Trokare angepaßten Außendurchmesser der Hülse (19), wobei ein Ende der Adapterhülse (19) als Aufsteckende (20) mit Innenkonus für ein Verbinden mit einem konischen Aufsteckansatz (15) des Anschlußstückes (9) ausgebildet ist und die Länge der Hülse (19) 25 bis 40 cm, vorzugsweise 30 bis 35 cm beträgt. Dabei wird weiters ein vorbereitetes Set (10) mit einem Anschlußstück (9), an das stirnseitig ein Katheter (16) anschließt, und mit einer solchen, über den Katheter (16) geschobenen und auf einen Aufsteckansatz (15) des Anschlußstückes (9) aufgesteckten Adapterhülse (19) vorgeschlagen.

Abbildung: Deckblatt der Gebrauchsmusterschrift AT 000 421 U1

von Siemens' Dynamo

Werner von Siemens (1816–1892) wollte unbedingt Ingenieur werden. Um seiner Familie Kosten zu ersparen, trat er in das Preußische Ingenieurskorps ein und erwarb sich während seiner dreijährigen Ausbildungszeit eine ausgezeichnete Grundlage auf allen naturwissenschaftlichen Gebieten. Als er jedoch bei einem Duell zwischen zwei Offizieren als Sekundant fungierte und dies aufflog, musste er vor das Kriegsgericht von Magdeburg und wurde zu fünf Jahren Festungshaft verurteilt. Es war zwar bekannt, dass man bei diesen Duellierungsstrafen nach wenigen Monaten begnadigt wurde, trotzdem richtete sich Werner von Siemens in seiner vergitterten, aber geräumigen Zelle ein chemisch-technisches Laboratorium ein, in welchem er bald ein neues elektrochemisches Verfahren zur Vergoldung von metallischen Gegenständen erfand. Nach nur einem Monat Haft wurde Werner von Siemens wieder aus der Zitadelle von Magdeburg entlassen und musste sich nunmehr auch um den Lebensunterhalt seiner zahlreichen Geschwister kümmern, da seine Eltern vorher kurz hintereinander gestorben waren.

Sein Bruder Wilhelm half ihm dabei mit einem genialen Schachzug: Er verkaufte Werners Patent für das Goldabscheideverfahren in Deutschland und England und erhielt dafür nicht nur 30.000 Mark, sondern knüpfte auch erste Kontakte zur englischen Industrie, dem damals mit Abstand wichtigsten Markt der Welt.

1847 gründete Werner von Siemens mit dem Mechaniker Johann Halske (1814–1890) in Berlin die Firma Siemens & Halske als Telegrafenbauanstalt mit zunächst drei Arbeitern. Die Firma wuchs

schnell und erhielt Regierungsaufträge zum Bau von telegrafischen Verbindungen in Preußen, Russland und England.

Siemens war nicht nur ein weitsichtiger Organisator und ein wagemutiger Industrieller, sondern er verstand es auch auf geniale Weise, diese geschäftlichen Fähigkeiten mit seinem wissenschaftlichen und technischen Innovationsgeist zu verbinden. Dies zeigt sich ganz besonders deutlich an seiner wohl wichtigsten Erfindung: der Nutzung des von ihm entdeckten dynamoelektrischen Prinzips durch einen Generator mit einem Elektromagneten.

Mit dieser Erfindung und den darauf aufbauenden Patenten (zum Beispiel DE-Patent Nr. 19779) wurde der Firma Siemens der Einstieg in die Starkstromtechnik ermöglicht, mit deren Hilfe elektrische Energie in großen Mengen wirtschaftlich erzeugt und verteilt werden konnte. Bereits 1867 regte Werner von Siemens an, Züge oder Straßenbahnen elektrisch zu betreiben. Es dauerte aber bis 1879, bis die erste elektrische Lokomotive präsentiert werden konnte. Doch jetzt ging es Schlag auf Schlag, die Starkstromtechnologie setzte sich durch: 1880 wurde der erste elektrische Fahrstuhl und 1881 der erste elektrische Straßenbahntriebwagen gebaut. Auch die Dynamos wurden immer zahlreicher verkauft, wobei sie in ihrer Leistung ständig verbessert wurden. Schließlich waren die Dynamos um die Jahrhundertwende überhaupt die umsatzstärkste Sparte der Firma Siemens. Noch heute gehört die Starkstromsparte zu den größten Unternehmensbereichen innerhalb der Siemens AG, welche unverändert zu den bedeutendsten elektrotechnischen Unternehmen der Welt gehört.

Die Siemens-Brüder waren auch immer Anhänger des Patentwesens, vor allem, weil sie erkannt hatten, wie wichtig diese Schutzrechte für die Weiterentwicklung der angewandten Technik und wie wertvoll sie als wirtschaftliches Gut waren. Die Siemens-Brüder waren es auch, die an vorderster Front dafür kämpften, dass Deutschland endlich 1877 ein einheitliches modernes Patentgesetz erhielt, das in Folge weit über die deutschen Grenzen hinaus Anerkennung und Nachahmung fand.

4   Welche Innovation kann geschützt werden?

Nicht jede Innovation, nicht jede Erfindung kann durch ein Patent oder ein Gebrauchsmuster geschützt werden. Die Voraussetzungen, welche für eine patentfähige bzw. gebrauchsmusterfähige Erfindung vorliegen müssen, sind in den jeweiligen Gesetzen sehr genau definiert. Allen diesen Gesetzen gemeinsame Voraussetzungen sind, dass die angemeldete Erfindung **neu, auf einer erfinderischen Tätigkeit beruhend** und **gewerblich anwendbar** sein muss, wobei jedoch die Definitionen der Neuheit und die Anforderungen an die erfinderische Tätigkeit von Land zu Land oder je nach Schutzrechtsart verschieden sein können.

4.1   Neuheit

Bei Patenten wird in der Regel die »absolute« Neuheit einer Erfindung verlangt, was bedeutet, dass die angemeldete Erfindung nirgendwo auf der Welt in schriftlicher oder in mündlicher Form offenbart worden ist. Das heißt, ein Patent darf nicht auf eine Erfindung erteilt werden, wenn diese Erfindung bereits irgendwann vor ihrem Prioritätsdatum zum Beispiel bei einem öffentlichen Vortrag oder in einem öffentlich verteilten Flugblatt dargelegt worden ist, selbst wenn dieser Vortrag bzw. die Verteilung des Flugblattes auf einer entlegenen Südseeinsel stattgefunden hat. Dieser Umstand ist auch unabhängig davon, ob der Erfinder diesen Vortrag auf der Südseeinsel gehört oder das Flugblatt gelesen hat oder nicht.

Eine Erfindung gilt demnach dann als neu, wenn sie nicht zum Stand der Technik gehört. Den **Stand der Technik** bildet alle Information, die, sei es auf mündlichem, schriftlichem, elektronischem oder auf anderem Wege, einer nicht beschränkten Öffentlichkeit zugänglich gemacht wird. »Zugänglich gemacht« bedeutet nicht, dass diese Information auch tatsächlich von irgendjemandem eingeholt worden ist; der Umstand, dass die Information im Prinzip zugänglich ist, genügt. So ist zum Beispiel eine Dissertation oder eine Diplomarbeit, die in irgendeiner Institutsbibliothek **43** öffentlich aufliegt, selbst dann als Stand der Technik zu berücksichtigen, wenn sie erwiesenermaßen niemals ausgehoben worden ist.

Andererseits gehören auch mündliche Offenbarungen wie zum Beispiel Vorträge oder elektronische Offenbarungen, TV- oder Hörfunksendungen, aber auch öffentlich zugängliche Internetverlautbarungen zum Stand der Technik. Wesentlich zur Bewertung, was alles für eine bestimmte Erfindung zum Stand der Technik gehört, ist dabei der Anmeldetag bzw. der Prioritätstag der Erfindung.

Alles, was vor diesem Tag publiziert worden ist, gehört zum Stand der Technik; alles, was am Anmeldetag oder später publiziert wurde, gehört nicht dazu. Die einzige Ausnahme zu dieser allgemeinen Regel bilden die so genannten älteren Rechte.

Als **ältere Rechte** werden Schutzrechtsanmeldungen bezeichnet, die zwar vor dem Prioritätsdatum der eigenen Anmeldung eingereicht worden sind, die aber zum Zeitpunkt der eigenen Anmeldung noch geheim waren und erst später veröffentlicht worden sind. Solche älteren Rechte werden nur zur Beurteilung der Neuheit der eigenen Anmeldung herangezogen, nicht aber zur Beurteilung der erfinderischen Tätigkeit (Ausnahme: USA, dort werden ältere Rechte auch für die Beurteilung der erfinderischen Tätigkeit in Betracht gezogen, wenn sie nicht demselben Anmelder gehören). Mit dieser Regelung wird ein Ausgleich dafür geschaffen, dass die vorher angemeldeten Erfindungen zwar ein besseres Datum haben, jedoch noch geheim waren, der spätere Anmelder diese Schutzrechte also gar nicht kennen konnte, andererseits aber zwei Patente auf die gleiche Erfindung zur Vermeidung unlösbarer Konflikte nicht erteilt werden sollen.

4.1.1   Ausnahmen von der Neuheit

Es gibt nun auch bestimmte Ausnahmen von der Neuheit; bestimmte Offenbarungen werden nämlich als unschädlich angesehen, das heißt, dass diese Offenbarungen nicht bei der Beurteilung der Neuheit oder der erfinderischen Tätigkeit berücksichtigt werden müssen. Zu diesen Ausnahmen gehören Offenbarungen, die **missbräuchlich** zum Nachteil des Anmelders erfolgt sind, beispielsweise dann, wenn eine Geheimhaltungsvereinbarung gebrochen oder ein Modell gestohlen worden ist.

Weiters kann auch die Zurschaustellung eines Erfindungsgegenstandes auf einer Ausstellung unschädlich sein, wenn die **Ausstellung** eine amtli-

che oder amtlich anerkannte Ausstellung ist. (Achtung, nur wenige Ausstellungen erfüllen diese Voraussetzungen! Diese Ausstellungen werden
von den Patentämtern eigens verlautbart.)

Schließlich ist es auch möglich, bei deutschen oder österreichischen
Gebrauchsmustern eine **Erfinderschonfrist** in Anspruch zu nehmen, wonach sämtliche Mitteilungen der Erfindung durch den Anmelder oder seinen Rechtsvorgänger als unschädlich anzusehen sind. Wesentlich für die
oben genannten Ausnahmen ist, dass diese Offenbarungen nicht früher
als **sechs Monate** vor Einreichung der jeweiligen Anmeldung erfolgten.
Eine kumulative Verbindung dieser Sechsmonatsfrist mit der einjährigen
Prioritätsfrist ist in der Regel ausgeschlossen (Ausnahme: Erfinderschonfrist für Gebrauchsmuster in Deutschland).

Eine derartige Neuheitsschonfrist für Publikationen des Erfinders ist in
einigen Ländern auch für Patente vorgesehen (zum Beispiel in den USA,
Kanada, Japan), nicht jedoch in Europa, obgleich derzeit heftig darüber
diskutiert wird, ob diese prinzipiell zu begrüßende Erfinderschonfrist
nicht auch in Europa eingeführt werden soll, etwa im Zuge des Gemein-
schaftspatentes und in der Reform des EPÜ.

4.1.2 Neuheitsschädliche Offenbarung und Vorwegnahme der Patentansprüche

Wesentlich ist, dass eine Offenbarung, wenn sie als neuheitsschädlich gelten soll, die Patentansprüche vollständig vorwegnehmen muss, das heißt,
dass alle beanspruchten Merkmale in der angeblich neuheitsschädlichen
Mitteilung oder dem Dokument vorhanden sind oder zumindest eindeutig implizit daraus hergeleitet werden können.

Ein Beispiel:

Angenommen, der Gegenstand eines Anspruches bezieht sich auf einen
neuartigen Computermonitor, bestehend aus einem Bildschirmteil (B),
einem Mikrofonanschluss (M), einem Lautsprecherteil (L), einem Netzanschlussteil (N) und einer Computer-Schnittstelle (C). Dieser Computermonitor soll gemäß dem Anspruch des Schutzbegehrens dadurch gekennzeichnet sein, dass er zusätzlich einen unterhalb des Bildschirmes integrierten Drucker (D) aufweist.

▸ **Neuheitsschädliches Dokument:** Eine für diesen Anspruch neuheitsschädliche Offenbarung müsste alle aufgezählten Merkmale dieses Anspruches enthalten. Daher wäre zum Beispiel ein Artikel in einer Zeitschrift über einen Monitor, der alle Teile B, M, L, N, C und D zeigen würde, ein neuheitsschädliches Dokument.

▸ **Nicht neuheitsschädliche Offenbarung:** Ein Computermonitor, der zwar B, L, N, C und D aufweist, dem jedoch ein Mikrofonanschluss fehlt (Monitor –M), ist nicht neuheitsschädlich für den Anspruch; diese Offenbarung ist daher nur für die Beurteilung der erfinderischen Tätigkeit heranzuziehen.

▸ **Implizit neuheitsschädlich:** Ein Prospekt, in dem ein Computermonitor abgebildet ist, auf welchem die Merkmale B, M, L, C und D klar zu erkennen sind, nicht jedoch ein Netzanschlussteil (Monitor –N), ist ebenfalls als neuheitsschädlich zu erachten, da jedem Fachmann klar ist, dass bei einem herkömmlichen Computermonitor ein Netzanschlussteil zwingend vorhanden sein muss. Obwohl dieses Merkmal im Prospekt nicht erkennbar ist, spricht man davon, dass die Offenbarung des Netzanschlussteils in diesem Falle »implizit« vorhanden ist. Sollte der Anmelder des Schutzrechtes für den Computermonitor einwenden, dieses Merkmal sei bei dem im Prospekt abgebildeten Monitor tatsächlich nicht vorhanden gewesen, müsste er dies beweisen.

4.2 Erfinderische Tätigkeit

Die zweite Voraussetzung für eine schutzfähige Erfindung besteht darin, dass sie neben der Neuheit auch eine »erfinderische Tätigkeit« aufweisen muss. Die erfinderische Tätigkeit ist in den meisten Patentgesetzen dahingehend definiert, dass sich die Erfindung, also der Gegenstand des Schutzbegehrens, nicht »in nahe liegender Weise für den Fachmann aus dem Stand der Technik ergeben darf«. Aufgrund dieser sehr allgemeinen Definition ist klar, dass es um diese Frage meist die größten Diskussionen gibt. Auch sind die Praktiken in den jeweiligen Ländern recht unterschiedlich, was die Anforderungen an diese Eigenschaften anbelangt. So sind in der Regel die Anforderungen an die erfinderische Tätigkeit in Deutschland oder in den USA oft anders als vor dem Europäischen

Patentamt, in Österreich oder in der Schweiz. Die Gründe dafür liegen oft in den historischen Wurzeln der jeweiligen Patentrechte begründet bzw. in der dazugehörigen Entscheidungspraxis der Gerichte bzw. Patentämter.

Bei der Prüfung auf Erfindungshöhe wird zunächst untersucht, was bereits im Stand der Technik vorbeschrieben ist. Anschließend werden die Unterschiede des beschriebenen Standes der Technik zum Schutzbegehren herausgearbeitet. Dann wird überprüft, ob dieser »Überschuss« sich für den Fachmann in Kenntnis des Standes der Technik aufgrund seines Fachwissens in **nahe liegender Weise ergibt.**

4.2.1 Der Fachmann

Der Fachmann spielt die zentrale Rolle bei der Beurteilung, ob eine Erfindung eine erfinderische Tätigkeit aufweist oder nicht. Er ist eine fiktive, abstrakte Person, die bestimmte Eigenschaften in sich trägt; er kann aber auch eine ganze Gruppe von Fachleuten sein. Das Besondere am »patentrechtlichen« Fachmann ist, dass er praktisch allwissend ist, was den Stand der Technik anbelangt, das heißt, er kennt den gesamten Stand der Technik. Auf der anderen Seite ist er jedoch nicht in der Lage, eigene schöpferische Gedanken, die über die einfache Weiterentwicklung hinausgehen, zu fassen.

4.2.2 Die Beurteilung – Beispiele

Bei der Beurteilung der erfinderischen Tätigkeit, die immer ein heiß umstrittenes Thema ist, sind unzählige Argumentationsmöglichkeiten vorgeschlagen und angewendet worden.

So ist es in der Regel nahe liegend, eine bestimmte Maschine anstatt mit einem Verbrennungsmotor mit einem Elektromotor anzutreiben, vor allem da das Ersetzen von Verbrennungsmotoren durch Elektromotoren bereits bei anderen Maschinen erfolgreich durchgeführt worden ist. Dieser Austausch kann aber durchaus auch eine Erfindung darstellen, wenn es beispielsweise vorher bereits Versuche für ein solches Ersetzen gegeben hat, die fehlgeschlagen sind, und es eines bestimmten »Kniffs« bedurfte, um den Elektromotor auch im Rahmen dieser besonderen Maschine verwenden zu können. Dann müsste allerdings dieser »Kniff« auch Teil des Schutzbegehrens sein und in den Ansprüchen seinen Niederschlag finden.

Es könnte auch sein, dass mit dem Ersetzen ein besonderer Effekt verbunden wäre, der über dem Effekt liegt, der normalerweise für den Fachmann aus dem Austausch von Verbrennungs- und Elektromotor zu erwarten wäre.

Im Computermonitor-Beispiel zur Neuheit wäre zwar, wie erwähnt, eine Offenbarung zu einem Computermonitor mit B, L, N, C und D, jedoch ohne Mikrofonanschluss (Monitor –M), nicht neuheitsschädlich, es wäre aber für einen Fachmann ein Leichtes und wegen des bereits vorhandenen Lautsprecherteiles (L) auch nahe liegend, diesen Computermonitor zusätzlich mit einem Mikrofonanschluss auszustatten.

Angenommen, es wäre aber lediglich ein Monitor bekannt, der B, L, N, C und M aufgewiesen hätte (Monitor –D), und – weiters angenommen – es hätte keinerlei Hinweis in der Fachliteratur gegeben, einen Computermonitor mit einem integrierten Drucker auszustatten, so könnte sich der anspruchsgemäße Monitor **nicht** in nahe liegender Weise aus dem Stand der Technik ergeben. Der Monitor wäre daher »erfinderisch« bzw. »auf einer erfinderischen Tätigkeit beruhend«.

4.2.3   Wirtschaftlicher Erfolg

Der wirtschaftliche Erfolg einer Erfindung muss nicht unbedingt ein Anzeichen für erfinderische Tätigkeit sein. Dieser wird nur dann als Beweisanzeichen für die erfinderische Tätigkeit angesehen, wenn der wirtschaftliche Erfolg unmittelbar auf die Natur der Erfindung zurückgeht und nicht etwa hauptsächlich in besonders geschicktem Marketing oder in Vertriebs-Know-how begründet ist.

4.2.4   Verbot der rückschauenden Betrachtungsweise

Wesentlich ist, dass die Prüfung auf erfinderische Tätigkeit niemals in rückschauender Betrachtungsweise erfolgen darf, also in Kenntnis der Erfindung, weil viele Erfindungen sich als sehr einfach darstellen, wenn man erst einmal die Lösung kennt. Die Beurteilung der erfinderischen Tätigkeit ist daher stets derart durchzuführen, dass das Fachwissen zum Prioritätstag der jeweiligen Erfindung zugrunde gelegt werden muss, ohne dass die Lehre der Erfindung mit berücksichtigt wird.

4.2.5 Aufgabenerfindung

So ist es durchaus möglich, dass eine Erfindung primär in der ihr zugrunde liegenden Aufgabenstellung liegt und, wenn diese Aufgabenstellung erst einmal vorliegt, die Lösung möglicherweise nahe liegend sein mag. Man spricht dann von einer »Aufgabenerfindung«. Auch hierfür ist durchaus ein Patent erhältlich.

4.2.6 Übertragungserfindung

Oft lassen sich bestimmte technische Lösungen von einem technischen Fachgebiet auf ein anderes übertragen. Dies kann dann zu einer patentfähigen Erfindung führen, wenn es für den Fachmann nicht nahe liegend war, diese Übertragung vorzunehmen, was in der Regel dann bejaht werden kann, wenn die Fachgebiete weit auseinander liegen.

Wenn sich ein bestimmtes Verfahren zum Nähen von Textilien unvorhergesehenerweise auch chirurgisch zum Nähen bestimmter Wunden eignet, ist dies sicher überraschend und daher nicht nahe liegend, wohingegen die Übertragung des Textilnähverfahrens auf das Nähen von Lederkleidungsstücken prima facie wahrscheinlich als nahe liegend zu betrachten ist, wenn hierfür nicht noch zusätzliche erfinderische Maßnahmen notwendig sind.

Beim Streit um die erfinderische Tätigkeit (entweder zwischen Prüfer und Anmelder vor der Erteilung oder zwischen Nichtigkeitskläger bzw. Einsprecher und Patentinhaber im Nichtigkeits- bzw. Einspruchsverfahren) sind sicherlich der Phantasie keine Grenzen gesetzt; es geht immer darum, ob der »Überschuss« der Erfindung in Anbetracht des Standes der Technik ausreichend für eine patentfähige Erfindung ist oder nicht.

4.2.7 Gebrauchsmuster und erfinderische Tätigkeit

Bei einem Gebrauchsmuster, wie erwähnt oft auch als »kleines Patent« bezeichnet, wird ein geringeres Ausmaß an »erfinderischer Tätigkeit« für die Schutzfähigkeit verlangt als bei einem Patent, bei welchem dieses Kriterium um einiges strenger beurteilt wird. Daher besteht für neue Erfindungen, die wegen mangelnder erfinderischer Tätigkeit nicht patentfähig wären, die Möglichkeit, diese als Gebrauchsmuster schützen zu lassen.

4.3 Gewerbliche Anwendbarkeit

Dies ist im Allgemeinen die am wenigsten umstrittene Eigenschaft bei einer Erfindung, da sich bald einmal eine gewerbliche Anwendbarkeit für eine bestimmte Erfindung geltend machen lässt, es sei denn, die Erfindung liefert nur zufällig manchmal das gewünschte Resultat. Aufgrund dieses Kriteriums ist auch ein Perpetuum mobile ausgeschlossen – es funktioniert nicht.

In vielen Patentgesetzen ist jedoch eine Ausnahme von dieser gewerblichen Anwendbarkeit im Gesetz definiert worden, nämlich die der Verfahren zur chirurgischen, therapeutischen oder diagnostischen Behandlung des menschlichen oder tierischen Körpers, solange die Behandlung ausschließlich am Körper selbst vorgenommen wird. Solche Verfahren gelten per definitionem im Patentgesetz der meisten europäischen Staaten als nicht gewerblich anwendbare Erfindungen, weil die möglicherweise lebensrettende Verwendung eines solchen Verfahrens durch einen Arzt in keiner Weise beschränkt werden soll.

Es gibt jedoch auch Möglichkeiten, durch einen geeigneten Anspruchswortlaut (mittels eines bestimmten Verwendungsanspruches) zumindest die vorbereitenden Handlungen für ein solches Behandlungsverfahren unter Schutz zu stellen, wenn beispielsweise eine neue medizinische Verwendungsmöglichkeit für ein bekanntes Arzneimittel aufgefunden wird und somit ein Anspruch, der auf ein »Verfahren zur Behandlung der Krankheit X durch den bekannten Stoff Y« lautet, per Gesetz nicht gestattet ist.

4.4 Was kann nicht geschützt werden ?

Neben den zuvor erwähnten medizinischen Behandlungsverfahren an sich, welche als nicht gewerblich anwendbar gelten, haben alle Patentgesetze der Welt (außer der USA) noch weitere Bestimmungen, was nicht als Erfindung im Sinne der jeweiligen Gesetze aufgefasst wird. Meist gehören dazu bloße Entdeckungen sowie wissenschaftliche Theorien und mathematische Methoden, wobei aber eine technische Anwendung dieser Theorien oder Methoden in ihrer jeweiligen praktischen Verwirklichung durchaus unter Schutz gestellt werden kann.

50

Weiters sind rein ästhetische Formschöpfungen sowie Pläne, Regeln und Verfahren für gedankliche Tätigkeiten, für Spiele oder für geschäftliche Tätigkeiten sowie Programme für Datenverarbeitungsanlagen oder die Wiedergabe von Informationen als solche nicht schutzfähig, jedoch ist es sehr wohl möglich, eine Vorrichtung oder eine Anlage, in der zum Beispiel eine solche gedankliche Tätigkeit oder ein solches Datenverarbeitungsprogramm praktisch verwendet wird, zu patentieren, selbst wenn die Erfindung gerade in dieser Regel für gedankliche Tätigkeit oder in diesem speziellen Programm begründet ist.

Diese Ausnahmeregelungen werden immer damit begründet, dass mit dem Patent oder mit dem Gebrauchsmuster eine »technische« Erfindung geschützt werden soll und keine theoretische. Zwar ist der Begriff »technisch« sehr weit gefasst, muss aber immer eine »materielle« Verwirklichung beinhalten, welche zumindest theoretisch gewerblich verwertbar sein sollte. Durch die weite Interpretation des Begriffes »technisch« wird sichergestellt, dass darunter nicht nur elektrotechnische, mechanische oder chemische Erfindungen fallen, sondern auch Erfindungen im Bereich der Landwirtschaft, der Biologie, der Medizin und der Lebensmitteltechnologie, kurz, in allen Bereichen, in welchen (nicht ausschließlich theoretische bzw. nicht ausschließlich ästhetische) Innovationen gemacht werden können.

Beispiele:

▶ Ein an sich bekannter Gebrauchsgegenstand mit einem neuen ästhetischen Muster ist keine Erfindung, wohl aber kann ein neues Verfahren zum Aufbringen solcher ästhetischer Muster patentfähig sein.

▶ Auch ist das bloße Auffinden eines Stoffes in der Natur eine nicht patentierbare Entdeckung, andererseits kann ein bestimmtes Verfahren für seine Herstellung oder Aufbereitung sehr wohl patentierbar sein. Wenn der Stoff neu sein sollte (was bedeutet, dass er zuvor noch nie aufgefunden und isoliert worden ist), kann er als solcher in der nunmehr gewonnenen Form ebenfalls patentiert werden.

▶ Eine neue mathematische Methode beispielsweise für Wurzelziehen wäre für sich allein nicht patentierbar. Wenn anhand dieser Methode jedoch auch ein technisches Verfahren betrieben werden kann, welches nur aufgrund dieser neuen Wurzelzieh-Methode vorteilhafte Eigenschaften aufweist, so ist dieses Verfahren patentierbar.

▸ Ähnlich verhält es sich mit Programmen für Datenverarbeitungsanlagen, welche gemäß den Patentgesetzen in Europa für sich formal (noch) nicht als patentierbar gelten (genauer gesagt: nicht als Erfindungen angesehen werden). Obgleich diese Ausnahmebestimmung nun im Zuge der Änderungen des EPÜ aus den Gesetzen eliminiert wird, bleibt noch immer das prinzipielle Erfordernis der »Technizität« von Erfindungen. Während es schon längere Zeit unumstritten ist, dass Programme, die in einem Gerät oder einem Herstellungs- oder Steuerungsverfahren Anwendung finden, patentiert werden, ist es in der letzten Zeit zu einer erheblichen Erteilungsliberalisierung vonseiten der Patentämter gekommen:

▸ Wenn nur irgendein technischer Baustein im Gerät (Telefon, Computer, Spielautomat etc.) in gewisser, neuer, erfinderischer Weise gesteuert wird, wird bereits die Technizität angenommen und das Computerprogramm in seinem allgemeinen erfinderischen Aufbau patentfähig. Damit werden aber bereits die meisten Programme zugelassen.

▸ In den USA ist es demgemäß bereits möglich, Patente auf reine Geschäftsmethoden zu erhalten (die nicht einmal mehr auf das Anbieten dieser Geschäftsmethoden im elektronischen Format, beispielsweise im Internet, beschränkt sein müssen). Ähnlich liberal erteilt auch das Japanische Patentamt Patente auf Programme oder Programmlogiken von Datenverarbeitungsanlagen. Aber auch beim Europäischen Patentamt ist es in den letzten Jahren zu einer erheblichen Liberalisierung (und einschränkenden Interpretation der Ausnahmebestimmung) gekommen, sodass auch für Erfindungen im Bereich des Internets nunmehr die Möglichkeit zur Patentierung besteht. Inwieweit derartige Patente aber dann auch in Europa durchsetzbar sind, ist erst anhand von gerichtlichen Präzidenzfällen in Zukunft zu klären.

Auf eine **Ausnahme** im Hinblick auf diese Rechtssicherheit soll in diesem Zusammenhang besonders verwiesen werden. Es ist nämlich derzeit schon möglich, in Österreich ein **Gebrauchsmuster** auf eine reine **Programmlogik** zu erhalten, welche zwar nicht das Programm selber, aber doch den dahinterstehenden Algorithmus schützt – und dies mit der Rechtssicherheit, dass die Schutzmöglichkeit für Programmlogiken expressis verbis im Gesetz vorgesehen ist. Für die ausformulierten Programme selber ist – mangels Patentschutzmöglichkeit – der Schutz über das Urheberrecht als literarisches Werk vorgesehen.

4.4.1 Erfindungen, die gegen die guten Sitten oder die öffentliche Ordnung verstoßen

Weitere Ausnahmen von der Patentierbarkeit stellen Erfindungen dar, deren Veröffentlichung oder Verwertung gegen die öffentliche Ordnung oder die guten Sitten verstoßen würde. Diese Ausnahmsbestimmung existiert schon sehr lange Zeit in den verschiedenen Patentgesetzen der Welt; es haben sich jedoch die Anforderungen, was als gegen die guten Sitten verstoßend aufgefasst werden muss, im Laufe der Zeit sehr geändert. So galten Anfang des 20. Jahrhunderts Empfängnisverhütungsmethoden noch als absolut unpatentierbar, weil gegen die guten Sitten verstoßend, wohingegen heute ohne weiteres Patente für neue Verhütungsmittel oder gar Liebeshilfen erlangt werden können.

Ein Beispiel, das heute oft in diesem Zusammenhang genannt wird, ist das der Briefbombe, da diese von der Öffentlichkeit als so verabscheuungswürdig betrachtet wird, dass die Erteilung von Patentrechten durch die öffentliche Hand nicht gutgeheißen werden könnte. Es ist jedoch zu betonen, dass diese Regel auch in der Vergangenheit immer sehr eng ausgelegt wurde und die auf dieser Regel beruhende Ablehnung von Erfindungen nur dann angezeigt ist, wenn schon die Beschreibung oder zeichnerische Darstellung der Erfindung ausschließlich und unter allen Umständen sittenwidrig bzw. gegen die öffentliche Ordnung verstoßend wäre.

4.4.2 Pflanzensorten und Tierarten

In den europäischen Patentgesetzen sind auch Pflanzensorten oder Tierarten sowie im Wesentlichen biologische Verfahren zur Züchtung von Pflanzen und Tieren von der Patentierbarkeit ausgeschlossen. Dies hat seinen Grund darin, dass bei der Schaffung des Europäischen Patentübereinkommens in den sechziger Jahren bereits ein internationales Abkommen zum Schutz von neugezüchteten Pflanzensorten, das UPOV-Abkommen (Abkommen der Union zum Schutz von Pflanzenzüchtungen), in Kraft war und dass in diesem Abkommen vorgesehen war, dass UPOV- **53** geschützte Pflanzensorten nicht gleichzeitig auch patentgeschützt sein können; ein Doppelschutz, der als unzweckmäßig galt, also ausgeschlossen sein soll. Mit Rücksicht auf das UPOV-Übereinkommen wurde daher diese Ausnahme in das Europäische Patentübereinkommen und in Folge in alle europäischen nationalen Patentgesetze übernommen. In den USA war es bereits seit den zwanziger Jahren möglich, Pflanzenpatente zu erhalten; die diesbezüglichen Regeln waren im Patentgesetz selbst vorgesehen worden.

In Analogie zu den Pflanzensorten wurden auch die Tierarten (Tierrassen) als ausgenommen von der Patentierbarkeit in das Europäische Patentübereinkommen übernommen, obwohl ein dem UPOV-Übereinkommen entsprechendes internationales Abkommen zum Nachahmungsschutz für neugezüchtete Tierarten trotz des enormen finanziellen Aufwandes zur Neuzüchtung von landwirtschaftlichem Nutzvieh bis heute nicht existiert.

Die Ausnahme der »im Wesentlichen biologischen Verfahren zur Züchtung von Pflanzen oder Tieren« ist dadurch bedingt, dass man die jahrhundertealte herkömmliche Züchtung in der landwirtschaftlichen oder gärtnerischen Botanik und in der Tierzucht nicht unter Patentschutz stellen wollte, da man darin keine erfinderische Tätigkeit erblickte und diese uralte menschliche Fertigkeit nicht durch Patente oder Gebrauchsmuster beschränken wollte.

Die letzterwähnten Ausnahmen stellen insbesondere für die seit den siebziger Jahren boomende Biotechnologie ein Problem dar, was jedoch die Schöpfer dieser Gesetzesregulation nicht vorhersehen konnten, da in den sechziger Jahren diese Technologie noch nicht vorhanden war. Im Rahmen der EU wird heute versucht, durch eine »Patentierungsrichtlinie für Biotechnologie« diese Bestimmungen durch Neudefinition so auszulegen, dass auch für die Biotechnologie-Industrie eine rechtssichere Möglichkeit geschaffen wird, ihre mit enormem Forschungsaufwand gewonnenen Erfindungen unter Patent- oder Gebrauchsmusterschutz stellen zu können.

In dieser Patentierungs-Richtlinie für Biotechnologie, die bereits im Sommer 1998 beschlossen wurde, wird klargestellt, dass Patente, die sich auf Gene (für die eine Funktion bekannt ist), Proteine, aber auch auf Pflanzen und Tiere beziehen (soweit die Erfindung nicht auf eine einzige Pflanzensorte oder eine einzige Tierart beschränkt sein sollte), erteilt werden. Dies wurde auch vom Europäischen Patentamt höchstinstanzlich bestätigt.

Die einzelstaatliche Adaptierung der Patentgesetze an diese EU-Richtlinie ist jedoch in den Mitgliedsstaaten noch nicht durchgeführt worden, da diese Richtlinie erneut in eine emotional geführte politische Diskussion geraten ist, in der es um Angst vor »Patenten auf Leben« (was zwar rechtlich unlegitimiert, aber bedingt durch manche Medienberichterstattung teilweise nachvollziehbar ist) oder gar vor dem »patentierten Menschen« geht (was schon alleine durch die Verfassung völlig ausgeschlossen wäre).

Alfred Nobels Dynamit

Die Nobels waren eine Unternehmerfamilie, in der es viele innovative Köpfe gab. Vater Immanuel war ein Maschineningenieur und Unternehmer, der Typ des Industrieabenteurers, der immer wieder zu Reichtum kommt, diesen aber ebenso schnell wieder verliert.

Nach dem Bankrott seiner Firma in Schweden übersiedelte Imma-*nuel Nobel mit seiner Familie nach Russland und konstruierte dort während des Krimkrieges erfolgreich Land- und Seeminen für die russische Admiralität. Nach dem Ende des Krieges machte Immanuel Nobel jedoch erneut Bankrott – in Friedenszeiten war mit Minen eben nichts zu verdienen.*

Seine zwei Söhne Ludwig und Robert entdeckten aber eine neue Quelle des Fortschrittes: Sie begründeten das Erdölgeschäft in Russland, das über unendliche Erdölvorräte zu verfügen schien, und wurden reich. Ihre Innovationsgabe half ihnen dabei enorm. Sie entwickelten neben neuen revolutionären Fördertechniken auch die ersten Öltanker. Die rasche Entwicklung von Ludwig und Robert Nobels Ölimperium in den ersten zehn Jahren seiner Existenz wurde als einer der größten Triumphe unternehmerischen Geistes im ganzen 19. Jahrhundert bezeichnet. Die russische Rohölproduktion der Nobels, welche sich hauptsächlich auf die Region von Baku am Kaspischen Meer konzentrierte, wurde zur größten der Welt.

Vater Immanuel Nobel kehrte nach seinem Bankrott mit seiner Frau und seinen jüngeren zwei Söhnen Alfred und Emil nach Schweden zurück, wo er sich der Entwicklung von Sprengstoffen zuwandte. Ihm hatte es unter anderem das vor kurzem erfundene Nitroglyze-

Geistesblitz Nr. 4

rin, welches auch Sprengöl genannt wurde, angetan. Vor allem Sohn Alfred war äußerst geschickt und zeigte bei der väterlichen Entwicklung großen Ideenreichtum, welcher ihn zu seiner ersten Erfindung führte: der Initialzündung.

Nachdem aber das gesamte Nitroglyzerin im Laboratorium versehentlich explodiert und die von den Nobels errichtete Fabrik in die Luft geflogen war, wobei der jüngste Sohn Emil tragischerweise ums Leben gekommen war, stand die Familie erneut vor dem Ruin. Obwohl bald Geld für eine neue Fabrik aufgetrieben wurde, hatte sich die Kunde von den risikoreichen Unternehmungen der Nobels schnell verbreitet, und die schwedische Regierung verbot ihnen den Bau einer neuen Sprengstoff-Fabrik. Alfred hatte aber bald eine rettende Idee: Er kaufte ein Schiff, verankerte es in einem See und baute es zu einem Laboratorium um. Da aber keine Arbeiter zu bekommen waren, betätigten sich auf diesem Schiff meist nur Vater und Sohn.

Das erzeugte Nitroglyzerin wurde zwar mittlerweile im Bergbau, bei Tunnelbauten oder in Steinbrüchen eingesetzt, es war aber durch seine flüssige Form nur schwer und äußerst risikoreich zu transportieren; immer wieder kam es zu verheerenden Unfällen.

Fieberhaft arbeitete daher Alfred Nobel daran, den Transport des Nitroglyzerins ungefährlich und seine Handhabung leichter zu machen. Er versuchte daher, das flüssige Nitroglyzerin in festen Substanzen zu binden. Am geeignetsten für diese Bindung erwies sich schließlich Kieselgur, die bis zum Vierfachen ihres Gewichts an Nitroglyzerin aufnehmen konnte. Der neue Sicherheitssprengstoff, den Nobel »Dynamit« nannte, wurde umgehend patentiert (viele weitere Verbesserungspatente sollten noch folgen), traf jedoch auf einen skeptischen Markt: Zu viele Unfälle waren zuvor mit Nitroglyzerin passiert, sodass in vielen Staaten, unter anderem auch im wichtigsten potentiellen Abnehmerstaat England, der Gebrauch von nitroglyzerinhaltigen Substanzen verboten war.

Nobel fuhr schließlich selbst nach England. In einem Steinbruch entzündete er vor einer Gesellschaft von Sachverständigen eine Kiste mit zehn Pfund Dynamitpatronen. Eine zweite Kiste ließ er zwanzig Meter tief hinabfallen. Beide Kisten explodierten erst, als sie mit Zündschnur und Zündhütchen gezündet wurden. Dieses Experiment überzeugte schließlich die Kritiker und Dynamit wurde auch in England zugelassen, worauf die Nachfrage nach diesem Sprengstoff rasant stieg. Nobels Firma expandierte rasch und er selbst wurde zum einflussreichen Industriemagnaten.

Die Tatsache, dass Nobel zwar ein enormes Vermögen mit seiner Erfindung machte, dass aber neben den Bergwerks- und Steinbruchbetreibern sowie Tunnel- und Kanalbauern auch Politiker und Generäle zu seinen Kunden zählten und er somit auch zum Rüstungsfabrikanten geworden war, bereitete ihm Gewissensbisse.

Mit seinem Testament stellte Nobel daher die Weichen zur Errichtung einer Nobel-Stiftung, die den größten Teil seines Vermögens (zur damaligen Zeit rund 31 Millionen schwedische Kronen) verwalten sollte, um dafür zu sorgen, dass – wie aus seinem Testament zitiert – »Preise denen zuerteilt werden, die im verflossenen Jahr der Menschheit den größten Nutzen gebracht haben«. Erstmals vergeben im Jahr 1901, stellt der Nobelpreis auch noch heute die wissenschaftliche Auszeichnung mit dem höchsten Ansehen dar.

Wie weit geht das Recht an Patenten und Gebrauchsmustern?

Die Schutz- (oder Patent)ansprüche sind das Herz des Patents oder Gebrauchsmusters. Sie definieren nicht nur den Schutzbereich des Patents, sondern anhand der Patentansprüche wird auch darüber entschieden, ob eine Erfindung neu und erfinderisch ist (vgl. Kapitel 4). Nicht umsonst wird im Englischen das Wort »claims« für die Ansprüche verwendet. Wie die Goldgräber ihre Claims um ihre Goldminen absteckten und gegenüber anderen Territorien abgrenzten, so stecken Patentinhaber mit ihren Ansprüchen das von ihnen erworbene Ausschließungsrecht für ihre Erfindung auf dem zugehörigen technologischen Gebiet ab. Da das abgesteckte Gebiet vorher niemandem gehört haben darf, müssen sie damit selbstverständlich ausschließlich »Neuland« abgesteckt haben, auch dürfen sie damit kein der Öffentlichkeit zustehendes »Land« für sich in Besitz nehmen. Der durch den Patentanspruch abgesteckte Bereich darf also nichts Bekanntes oder ohne weiteres daraus Herleitbares betreffen.

Der Schutzbereich eines Patents bzw. Gebrauchsmusters endet an den durch den Anspruch abgesteckten Grenzen. Gegenüber diesem Prinzip gibt es nur eine einzige Ausnahme, die jedoch mit Bedacht auf die Rechtssicherheit nur beschränkt Anwendung findet: die **Äquivalenz**. Als äquivalente Ausführungsformen eines Patents bezeichnet man diejenigen Realisierungen einer erfinderischen Lehre, welche zwar nicht wortgemäß unter den Patentanspruch fallen, jedoch – für den Fachmann – sinngemäß. Äquivalente Ausführungsformen fallen dann unter den Patentanspruch, wenn es für jeden Fachmann eindeutig ist, dass die Erfindung auch den Bereich knapp außerhalb des durch den wörtlichen Umfang des Anspruchs ebenfalls mitumfassen musste. Wenn etwa ein Mauerdübel unter anderem dadurch gekennzeichnet ist, dass er außen Rippen zum festeren Halt in der Mauer aufweist, so kann auch ein Dübel mit nur einer kleineren, rundumlaufenden Erhebung mitgeschützt sein – sofern nicht etwas anderes dagegen spricht –, weil diese kleinere Erhebungen anstelle der Rippen nur zu einer verschlechterten Ausführungsform führen, aber prinzipiell demselben Gedankengang des besseren Haltes entsprechen. Der Fachmann liest auch, wenn als Befestigungsmittel ein Nagel genannt ist, andere Befestigungsmittel wie Schrauben oder Nieten mit, sodass auch diese nach der »Äquivalenzregel« mitgeschützt sind. Diese »Äquivalenzregel« ist jedoch als Ausnahme zu betrachten (einige Länder stellen einen »Äquivalenzbereich« überhaupt in Frage), und es ist daher meist davon auszugehen, dass nur diejenigen Gegenstände oder Verfahren unter ein Patent oder ein Gebrauchsmuster fallen, die im technischen Sinne dem Wortlaut der Ansprüche entsprechen.

Nun ist aber die Sprache selbst immer mit Unschärfen versehen. Unter ein und demselben Ausdruck wird auch unter Fachleuten nicht immer dasselbe verstanden. Es ist daher oft schwierig, aus dem Anspruchswortlaut allein den tatsächlichen Schutzumfang zu erfassen, da ein und dieselbe Formulierung je nach Auslegung verschiedene Bedeutungen und damit verschiedenen Schutzumfang nach sich ziehen kann. Um solche Unklarheiten über den Wortlaut der Ansprüche aufzulösen, sind bei der Auslegung der Ansprüche stets die Beschreibung und die Zeichnungen heranzuziehen. Zum Beispiel könnte ein (fiktiver) Anspruch auf ein »Filmmaterial mit zwei oder mehr unterschiedlichen chromatographischen Schichten« gerichtet sein. Dieses »zwei oder mehr« könnte theoretisch auch eine Schichtzahl von hundert oder mehr umfassen. Wenn in diesem Fall in der Beschreibung klärend angeführt ist, dass »bei einer Schichtzahl von über 15 bis 20 Schichten es zu einer Verhinderung des Lichtdurchtritts kommt« und somit zum Nicht-Funktionieren des fotografischen Prozesses, ist bei der Auslegung des Patentanspruchs klar, dass das »zwei und mehr« höchstens bis zu 15 bis 20 reichen kann.

Neben der Beschreibung ist zur Auslegung der Ansprüche meist auch der Erteilungsakt des Patentamtes heranzuziehen, weil dieser die Erklärungen des Anmelders enthält. Auf etwas, worauf der Anmelder ausdrücklich selbst verzichtet hat, kann kein Schutz gewährt werden.

Neben den Hauptansprüchen kann ein Schutzrecht auch zahlreiche **Unteransprüche** enthalten, die verschiedene vorteilhafte Ausführungsformen umfassen können, die alle innerhalb des Hauptanspruches liegen (etwa: »Filmaterial nach Anspruch 1 dadurch gekennzeichnet, dass es fünf Schichten umfasst«, wenn zum Beispiel gerade bei fünf Schichten ein optimaler Effekt zu erzielen ist). Der Sinn solcher Unteransprüche besteht darin, dass bei Wegfall des Hauptanspruches wegen nachgewiesener Bekanntheit noch ein eingeschränkter Anspruch (Schutz) auf derartige vorteilhafte Gestaltungsformen erhalten bleiben kann. Wie Unteransprüche wirken auch Funktionsmerkmale im Hauptanspruch (»insbesonde-re«, »gegebenenfalls«, »vorzugsweise« und dergleichen). Der übergeordnete Anspruch ist jener ohne Fakultativmerkmale, der Unteranspruch der gleiche mit solchen.

Es ist auch möglich, **nebengeordnete Ansprüche** zu haben, zum Beispiel auf ein Verfahren und eine Vorrichtung zur Durchführung des Verfahrens oder auf einen neuen Stoff und die Verwendung dieses Stoffes bzw. ein Verfahren zu dessen Herstellung. Wie nebengeordnete Ansprüche wirken auch solche, die Alternativen (»oder«, »beispielsweise« und dergleichen) enthalten. Jede Alternative bildet quasi für sich einen Schutzanspruch.

5.1 Was fällt nicht unter ein Patent ?

Nicht unter ein Patent oder Gebrauchsmuster fällt in der Regel (Ausnahme: Äquivalente) alles, was nicht unter den **Wortlaut (Sinngehalt) der erteilten Ansprüche** des Schutzrechts fällt. Zweckangaben sind in der Regel für Produkt- und Vernichtungsansprüche nicht schutzbeschränkend. Der technische Inhalt des Anspruches – von wenigen Ausnahmen abgesehen – schützt auch die Erfindung in ihrer Anwendung für andere Zwecke. Eine Maschine zum Mähen von Gras ist also auch für das Mähen von Getreide geschützt oder zum Schneiden von Teppichflor.

Es ist aber auch möglich, nach der Erteilung auf bestimmte Teile des Schutzrechts zu verzichten (etwa, wenn nachträglich ein Stand der Technik bekannt wird, der Teile des Anspruchs vorwegnehmen würde). Auf den Umfang des Anspruches, auf den verzichtet worden ist, kann vom Patent- bzw. Gebrauchsmusterinhaber nicht mehr zurückgegriffen werden. Ähnlich ist es, wenn der Konkurrent nach einer alten, bekannten Technologie (Stand der Technik) arbeitet, auch wenn keine Einschränkung der Ansprüche erfolgt. Es kann etwa die Anwendung von etwas Bekanntem nicht durch ein Patent untersagt werden (der »Claim« erstreckt sich nicht auf etwas, wovon die Öffentlichkeit oder ein anderer früher schon gehört hat).

Ebenfalls nicht unter den Patentschutz fällt die Benutzung von anspruchsgemäßen Gegenständen im Rahmen von **privaten** Nutzungen zu nicht gewerblichen Zwecken, aber auch zu **Lehr- und Versuchszwecken**. Die **63** letztere Ausnahme ist vor allem deshalb zu machen, da ein wesentliches Ziel des Patent- oder Gebrauchsmusterschutzes darin besteht, die Innovation anzukurbeln. Dies soll auch dadurch erreicht werden, dass neue Wege aufgefunden werden, um bestehende Patente umgehen zu können. Dabei erkannten schon die Gründungsväter moderner Patentgesetze, dass dies nur dann möglich war, wenn es auch einem Konkurrenten gestattet war, die jeweilige Erfindung zu eigenen Versuchszwecken nachzubauen. Streng davon zu trennen ist jedoch jegliche gewerbliche Ausnutzung der Erfindung, etwa der Nachbau zur Vorbereitung des Vertriebes. Diese ist selbstverständlich durch ein Patentrecht eines Konkurrenten ausgeschlossen. Ebenso ist es untersagt, das zu Versuchszwecken nachgebaute patentgeschützte Gerät dann zu verkaufen.

5.2   Vorbenutzerrecht

Oft kommt es – vor allem in hochkompetitiven Gebieten – vor, dass eine Erfindung unabhängig voneinander von mehreren Erfindern oder Erfindergruppen gemacht wurde. Dabei kommt natürlich die Frage auf, wem dann ein Schutzrecht zugesprochen werden soll. In allen wichtigen Patentgesetzen der Welt (Ausnahme: USA) gilt das »Anmelderprinzip«. Das Anmelderprinzip bedeutet, dass derjenige, der zuerst anmeldet, das Schutzrecht erhält. Wichtig ist dabei also das Datum der ersten Einreichung der Schutzrechtsanmeldung bei einem Patentamt. Um diese Härte (»The Winner takes it all«) gegenüber Erfindern, die dieselbe Erfindung ebenfalls bereits vor diesem Prioritätsdatum gemacht haben und zusätzlich ohne vorherige Anmeldung mit der gewerblichen Nutzung bereits begonnen haben (nur Erfinden allein genügt nicht!), etwas auszugleichen, wird diesen Erfindern bzw. ihren Firmen ein so genanntes »Vorbenutzerrecht« eingeräumt. In einigen Staaten, wie Frankreich, ist es anders: dort genügt der Erfindungsbesitz alleine – also auch ohne zusätzliche Handlungen zur gewerblichen Nutzung – für ein Vorbenutzerrecht. Der Vorbenutzer ist befugt, die Erfindung »in eigenen oder fremden Betrieben« für die Zwecke der eigenen Firma auszuführen. Dabei ist er auf jene technischen Varianten beschränkt, für die er vorher bereits die Benutzungsvorbereitungen getroffen hatte. Andere gute Ideen, die der Erstanmelder hatte, darf er nun nicht auch übernehmen.

Dies hat zur Folge, dass die Wirkung eines Schutzrechts gegen diese Vorbenutzer im Umfang der Vorbenutzung nicht eintritt. Sie begehen also bei der Ausübung ihres Vorbenutzerrechtes keine Patentverletzung. Der Nachteil an einem Vorbenutzerrecht ist, dass dieses Recht (bisher) nur auf den betreffenden Staat, in dem die Vorbenutzung gemacht worden ist, gilt. Haben also zwei Erfinder A und B zum Beispiel in Deutschland unabhängig voneinander eine Erfindung gemacht und A meldet diese Erfindung als Erster beim Deutschen Patentamt zum Patent an, so bekommt B ein Vorbenutzerrecht für Deutschland. Wenn nun aber A eine Anmeldung beim Europäischen Patentamt vornimmt, wobei er den Zeitrang seiner deutschen Anmeldung beansprucht (Priorität) und somit auch Schutz für alle EPÜ-Vertragsstaaten erreicht, so kann B sein Recht auf Vorbenutzung zum Beispiel in Spanien oder Österreich nicht geltend machen – er kann also nicht exportieren.

Ein weiterer Nachteil des Vorbenutzerrechtes besteht darin, dass dieses Recht am jeweiligen Betrieb des Vorbenutzers »klebt«. Das Vorbenutzerrecht kann zwar zusammen mit dem Betrieb verkauft oder vererbt werden, eine Lizensierung des Vorbenutzerrechtes ist aber nicht möglich.

Auch ist der Nachweis der Vorbenutzung oft schwierig, da eindeutige Beweise verlangt werden. In der Regel werden hierzu firmeninterne Aufzeichnungen herangezogen, die jedoch – um als glaubwürdiger Beleg für die Vorbenutzung zu gelten – genau detaillierte und unzweifelhafte Informationen bezüglich des vorbenutzten Gegenstandes und des Zeitpunktes der Vorbenutzung enthalten müssen. Derartige Aufzeichnungen werden bei der Beweisführung zur Vorbenutzung auch oft durch Zeugenaussagen oder (geheime) Korrespondenz mit anderen Firmen unterstützt.

Das Vorbenutzerrecht kann selbstverständlich nur gutgläubig erworben werden, das heißt, jemand, der die Erfindung zum Beispiel vom Erfinder widerrechtlich kopiert hat, kommt nicht in den Genuss dieser Regel. Bei unserem Goldgräber-Beispiel würde dies bedeuten, dass derjenige, der zwar vor dem »Claim«-Besitzer auf dieselbe Goldader gestoßen ist, sie jedoch nicht für sich gesichert hat, gemäß dem Patentgesetz als Vorbenutzer zumindest an der von ihm gefundenen Stelle weiterschürfen dürfte. Wesentlich ist dabei, dass der Vorbenützer gutgläubig handelte, was in unserem Goldgräber-Beispiel dann zutreffen könnte, wenn er beispielsweise nichts vom Goldfund des Schutzrechtsinhabers wusste oder sogar mit dessen Zustimmung gegraben hat. Bösgläubig wäre er dann, wenn er sich nur auf die Fersen des Schutzrechtsinhabers geheftet, ihn beim Goldfund beobachtet und anschließend knapp davon entfernt zu graben begonnen hätte, noch bevor der rechtmäßige Inhaber seinen »Claim« angemeldet hätte. In diesem Fall würde ihm ein patentrechtliches Vorbenutzerrecht nicht zustehen.

5.3 Lizenznehmer

Ebenfalls von der Wirkung des Schutzrechtes ausgenommen sind Lizenznehmer, welche mit dem Schutzrechtsinhaber einen Vertrag zur Ausnützung des geschützten Gegenstandes geschlossen haben. Durch diesen Vertrag dürfen auch Lizenznehmer an der »Goldmine« teilhaben, jedoch streng nur im Umfang des jeweiligen Vertrages. Führen diese ihre Tätigkeit nur innerhalb des Vertrages durch, können sie vom Schutzrechtsinhaber nicht auf Verletzung geklagt werden, bewegen sie sich aber außerhalb dieses Vertrages, begehen sie eine Verletzung des Schutzrechtes. Im Gegenzug für die vertragliche Gestattung der Ausnützung der Erfindung erhält der Lizenzgeber, also der Schutzrechtsinhaber, vom Lizenznehmer gewöhnlich ein Entgelt, die so genannten Lizenzgebühren.

5.4 Reparatur von Patentgegenständen

Jeder Käufer von patentierten Gegenständen ist berechtigt, diese bei Abnützung oder Schäden wieder in gebrauchsfähigen Zustand zu versetzen. Dieses Recht wird nur dadurch begrenzt, dass ein kompletter Nachbau des Gegenstandes als »Herstellen« wieder unter das Patentrecht fällt.

5.5 Schutzrechte sind Ausschließungsrechte

Wie wir noch genauer hören werden (siehe Kapitel 6), gibt das jeweilige Schutzrecht seinem Inhaber nicht unbedingt ein unbeschränktes positives Nutzungsrecht an seiner Erfindung, sondern nur ein **Ausschließungsrecht,** was besagt, dass er Dritte davon ausschließen kann, seine Erfindung für gewerbliche Zwecke zu benutzen. Der Patentinhaber selbst darf aber die Erfindung nur dann ausführen, wenn er sich mit der jeweiligen praktischen Nutzungsform nicht in Konflikt mit anderen Gesetzesnormen begibt und wenn er damit nicht unbefugt in andere, ältere Schutzrechte eingreift. Dies ist das Problem bei (ganz oder teilweise) abhängigen Erfindungen, selbst wenn sie erhebliche Verbesserungen an grundlegenden Erfindungen darstellen. Bei einer solchen Situation herrscht prima facie meist eine Pattstellung. Der Schutzinhaber des älteren Grundlagepatents darf zwar die Erfindung ausführen, nicht jedoch mit den speziellen Verbesserungen des jüngeren Verbesserungspatents, der Inhaber des jüngeren Verbesserungspatents darf den Gegenstand seines Patents ebenfalls nicht ausführen, weil er damit das Grundpatent verletzen würde. Eine solche Pattsituation führt meist zu einer »**Kreuz-Lizenz**«, bei welcher die beiden Schutzrechtsinhaber vereinbaren, sich gegenseitig bestimmte Nutzungsrechte an ihren Erfindungen zu gestatten. Bei einem wichtigen technischen Fortschritt von erheblicher wirtschaftlicher Bedeutung durch das jüngere Patent kann eine solche Kreuz-Lizenz auch durch behördliche Entscheidung erzwungen werden (Zwangslizenz; dies gilt jedoch nicht für Deutschland).

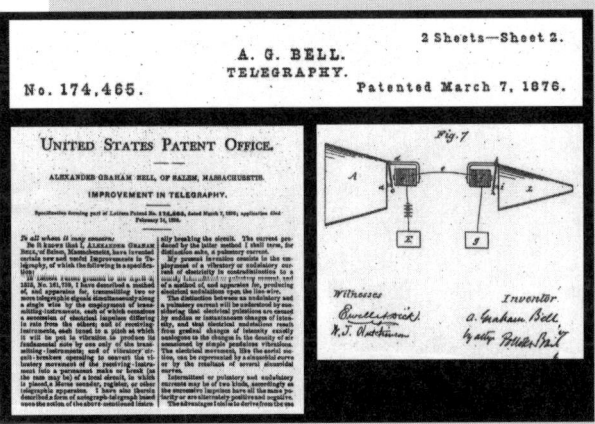

Graham Bells Telefon

Der junge Amerikaner Graham Alexander Bell (1847–1922) stieß 1862 bei seinem Studium in Glasgow auf einen Apparat, den der Deutsche Philipp Reis entwickelt hatte und der »Telefon« genannt wurde. Mit diesem Apparat von Reis konnte man Laute von einem »elektrischen Ohr« an einen Empfangsapparat, der aus einem Schallkasten mit Drahtspule und stricknadelförmigem Eisenkern bestand, übertragen, wobei jedoch die Übertragung noch äußerst unbefriedigend funktionierte und Worte praktisch unverständlich wiedergegeben wurden.

Graham Alexander Bell wollte, wie schon sein Vater und sein Großvater, »Stimmphysiologe« werden, also ein Taubstummenlehrer, der Menschen ohne Gehör das Sprechen beibringt. Als Bell nun den Telefonapparat von Reis betrachtete, inspirierte ihn dies zur Idee, eine verbesserte Art von »elektrischem Ohr« zu erfinden, um den Taubstummen einen Zugang zur Welt der Töne und des Schalls zu verschaffen. Dies versprach er auch seiner Verlobten Mabel Hubbard, der schönen, taubstummen Tochter seines Geldgebers, welche er später heiraten sollte.

Zurück in Amerika, versuchte Bell nun unentwegt, einen solchen Apparat zu konstruieren. Zusammen mit seinem Mechaniker Watson versuchte er verbissen, die Schallschwingungen der Sprache in elektrische Impulse umzuwandeln und am Ende der Leitung wieder in Schallschwingungen zu transformieren. Bell hatte bei seinem Apparat sowohl hinter dem Sprech- als auch hinter dem Empfangsgerät je einen elektrischen Magneten angebracht, welche die Membranen aus dünnem Eisenblech in Schwingungen versetzten.

Leider blieb die Membran immer wieder am Magneten »kleben«, anstatt in Schwingungen zu geraten und Schallwellen zu produzieren. Ein Rätsel, für das Bell und Watson lange Zeit vergeblich nach einer Lösung suchten. Bis zum 2. Juni 1875.

Wieder einmal fluchte der recht emotionale Watson vor dem Sender im Nebenzimmer wegen einer nicht gelungenen Übertragung, während Bell vor seinem Empfänger saß und auf das Signal wartete. Bell fiel auf, dass, sobald Watson im Nebenzimmer zupfte und fluchte, beim Empfänger die Membran vibrierte, obgleich der Stromkreis geschlossen war, und darüber hinaus konnte Bell mit seinen inzwischen äußerst geschulten Ohren jedes Mal einen leisen Ton bei diesen Membran-Vibrationen hören. Dabei kam ihm der »Geistesblitz«, der die Grundlage der Telekommunikation bilden sollte:

»Jetzt habe ich es, Watson!« rief Bell aus und stürmte durch die Tür zu Watson in den Nebenraum. »Nicht die Stromstöße mit den Unterbrechungen, nein, die Stromschwankungen sind für die Weiterleitung der Schallwellen durch Elektrizität nötig!« Und diese waren es auch, die bei der Übertragung besonders berücksichtigt werden mussten. Dies war auch der Grund, weshalb die Apparate von Reis nur unbefriedigend funktioniert hatten.

In den nächsten Monaten arbeiteten die beiden wie besessen an der endgültigen Konstruktion des ersten praktisch brauchbaren Fernsprechapparates, und im Januar 1876 war es endlich soweit, dass zwei Apparate zu Versuchszwecken aufgestellt werden konnten: ein

Sender im obersten Stockwerk des Hauses, an dem Bell saß, und ein Empfänger im Hinterzimmer des Erdgeschosses, wo Watson saß. Nun kam es zum historischen Moment: Bell beugte sich über den Sendetrichter seines Gerätes: »Mr. Watson«, sagte er, »please come here. I want you.«

Kurze Zeit später stand Watson vor Bell. »Ich habe Sie gehört, Boss«, sagte er ganz entzückt. Die erste Telefonübertragung hatte funktioniert.

Die Beschreibung für eine Patentanmeldung hatte Bell rasch fertig gestellt, er einigte sich jedoch mit dem englischen Geschäftsmann Brown, dem er die Nutzungsrechte an seiner Erfindung in England einräumte, die Patentanmeldung vorerst in England einzureichen. Brown, der zunächst ebenso enthusiastisch für diese Erfindung war, bekam dann allerdings immer größere Zweifel an der Sache und fürchtete sogar, ausgelacht zu werden, dass er diesen »verrückten Ideen« von Bell etwas abgewinnen konnte. Er ließ daher Bells Patentanmeldung in seinem Koffer liegen und reichte diese nicht beim Britischen Patentamt ein.

Der in den USA zurückgebliebene Bell wartete inzwischen immer ungeduldiger auf die Bestätigung der Einreichung der Patentanmeldung in England, im Wissen, dass es in den USA einige Unternehmungen gab, die ebenfalls an der Realisierung eines brauchbaren Telefons arbeiteten. Als es Mitte Februar 1876 immer noch keine Nachricht von Brown aus England gab, verlor Schwiegervater Hubbard die Geduld und reichte die Patentanmeldung am 14. Februar 1876 ohne Wissen Bells ein.

Nur zwei Stunden nach der Einreichung von Bells Patentanmeldung hinterlegte einer seiner Konkurrenten, Elisha Gray, seinerseits eine Anmeldung für einen funktionsfähigen Telefonapparat beim Patentamt. Diesem geringfügigen Zeitunterschied ist es wahrscheinlich zu verdanken, dass letztlich Bell und nicht Gray als Erfinder des Telefons in die Geschichte eingegangen ist. Nur einen knappen Monat später, am 7. März 1876, wurde Bells Patent mit der Nummer

174.465 erteilt – ein echtes Grundlagenpatent, das die gesamte Anwendung des Telefons abdeckte. Heute ist man überwiegend der Ansicht, dass dieses Patent von Bell das wahrscheinlich wertvollste Einzelpatent des 19. Jahrhunderts überhaupt gewesen ist, denn es bildete nicht nur die Grundlage der 1877 gegründeten »Bell Telefone Association«, aus der später die American Telefone and Telegraph Company (AT & T) entstand, sondern es überdauerte auch mehr als 600 Prozesse, in denen die Bell-Gesellschaften gegen Patentverletzer vorgehen mussten.

Insbesondere nachdem 1877 die weiterentwickelten Mikrofone von Thomas A. Edison in die Apparate eingebaut wurden, konnte der Siegeszug des Telefons nicht mehr aufgehalten werden. Bereits 1880 bestand in allen großen Städten Nordamerikas ein Telefonnetz.

Das Bellsche Basispatent und zahlreiche Weiterentwicklungspatente bildeten die Grundlage dafür, dass die Bell Company und später AT & T die schwierigen Anfangs- und Entwicklungsjahre überstehen konnten und sich zur größten Telefongesellschaft der Welt entwickelten. Die mit Hilfe und zu Ehren von Bell gegründeten Bell Laboratories bildeten ab 1925 die wohl herausragendste Forschungseinrichtung der Welt, welche seither nicht weniger als 26.000 Patente angemeldet und deren Wissenschaftler sieben Nobelpreise für Physik für herausragende Entwicklungen, wie beispielsweise den Transistor, erhalten haben.

6 Was nützen Patente oder Gebrauchsmuster?

Wie zuvor erwähnt, sind Schutzrechte Ausschließungsrechte. Nach der gängigen »Belohnungstheorie« wird dies dahingehend verstanden, dass der Erfinder eine Leistung erbringt, die technische Entwicklung vorantreibt und für diese auch entsprechend belohnt werden sollte. Diese Belohnung liegt darin, dass der Erfinder für eine bestimmte begrenzte Zeitdauer (die Laufzeit des Schutzrechtes) ausschließlich befugt ist, darüber zu bestimmen, wer außer ihm selbst kommerziellen Nutzen aus seiner Erfindung schöpfen darf. Dieses Recht soll Anreiz für weitere Erfindungen sein. Da das Schutzrecht ein vom jeweiligen Schutzstaat, also von der Öffentlichkeit, zugesprochenes Recht ist, wird aber auch vom Erfinder eine Gegenleistung verlangt: Er muss der Öffentlichkeit seine Erfindung ausreichend genau bekannt geben, sie zum Nachbau – soweit dieser erlaubt ist (etwa für Forschung, siehe Kapitel 5) – zur Verfügung stellen, damit sich die Öffentlichkeit über die neue Erfindung informieren kann und so eines der wesentlichen Ziele des Patentschutzes – darauf aufbauend neue Weiterentwicklungen zu finden – erfüllt wird.

Mit diesem Ausschließungsrecht soll verhindert werden, dass die Erfindung von Konkurrenten in einfacher Weise anhand der Veröffentlichung der Erfindung zur gewerblichen Verwertung nachgemacht werden kann, ohne dass die Konkurrenten die zum Teil äußerst aufwendigen Forschungs- und Entwicklungsarbeiten, die der Erfinder bei der Realisierung seiner Erfindung hatte, aufwenden mussten. Der Erfinder bzw. die Firma, die die Erfindung finanziert hat, erhält also die Möglichkeit, während der Schutzrechtsdauer diese Erfindungskosten zu amortisieren, ohne dass dabei gegen eine direkte Konkurrenz durch Nachahmer am Markt angekämpft werden muss. (Wie wichtig dieses zeitlich begrenzte Ausschlussrecht ist, wird mit den in den »Geistesblitzen« dargestellten Fallgeschichten illustriert.) Nach dem Ablauf der Schutzrechtsdauer oder mit dem Verzicht seitens des Schutzrechtsinhabers darf dann jedermann die Erfindung auch gewerblich nutzen.

Die Anmeldung von Schutzrechten ist eine kostspielige und arbeitsintensive Angelegenheit. Darüber hinaus sind für die Aufrechterhaltung **73** eines Patent- bzw. Gebrauchsmusterrechts laufend (meist jährlich) Gebühren zu entrichten, die sich mit steigender Anzahl von Schutzrechtsjahren erhöhen. Diese sukzessive Erhöhung soll dazu führen, dass nicht verwertete Erfindungen, mit denen der Inhaber also keine Einnahmen erzielt, möglichst frühzeitig der Allgemeinheit bzw. den anderen Wirtschaftstreibenden zur Verfügung stehen.

Wie aber kann man nun aus diesen Schutzrechten tatsächlich Nutzen gewinnen und dafür sorgen, dass die hohen (personellen und finanziellen) Aufwendungen der Entwicklungsarbeit und des Erwerbs der Schutzrechte mit Hilfe dieser Schutzrechte sich schlussendlich doch rentieren?

6.1   Wie können Schutzrechte durchgesetzt werden?

Natürlich sind die Aufwendungen für eine Erfindung und deren Schutz letztlich durch die Vermarktung der nach den Schutzrechten hergestellten Produkte wieder (mit entsprechendem Gewinn) hereinzubekommen. Leider werden gute Erfindungen trotz bestehenden Patent- und Gebrauchsmusterschutzes immer wieder kopiert, wodurch sich der eigene Gewinn oft drastisch schmälert. Zwar wird von Nachahmern oft versucht, Lösungen zu finden, die (knapp) außerhalb des Wortlautes der Ansprüche liegen (weshalb es umso wichtiger ist, die Ansprüche immer so breit wie möglich zu formulieren), es gibt aber auch genug Fälle, in denen ein erfolgreiches (geschütztes) Produkt einfach ident nachgemacht wird.

Obwohl die Schutzrechte von den jeweiligen Staaten erteilt werden und die Schutzdauergebühren an die öffentliche Hand zu bezahlen sind, gehört es alleine zu den Obliegenheiten des Schutzrechtsinhabers, seine Schutzrechte zu wahren und sich gegen Eingriffe in seine Schutzrechte zur Wehr zu setzen.

Es liegt also in der Eigeninitiative jedes Schutzrechtsinhabers, Verletzungen seiner Schutzrechte aufzufinden und zu verfolgen. Der Staat bietet dem Schutzrechtsinhaber nur seine Gerichte an, welchen die Rechtsprechung zur Schutzrechtsverletzung obliegt und Nachahmer zu verurteilen. Wenn ein Schutzrechtsinhaber daher nicht bereit ist, seine Schutzrechte selbst zu benutzen und auch gegen Nachahmer durchzusetzen bzw. zu verkaufen oder Lizenzen zu erteilen und dann diese neuen Berechtigten für die Durchsetzung sorgen, so sind diese in der Regel tatsächlich wirtschaftlich nicht rentabel (Ausnahme: Sperrpatente, die die Konkurrenz behindern sollen). Ein nicht genutztes Schutzinteresse ist vergleichbar mit einer Fabrik, in welcher weder gearbeitet noch produziert wird.

6.1.1 Nachweis der Verletzung

Damit eine Patentverletzung vorliegt, müssen (in der Regel) sämtliche Merkmale eines Anspruches getroffen sein. (Deshalb ist eine sachverständige und genaue Formulierung dieser Patentansprüche so wichtig.)

Für den Nachweis der Verletzungshandlung ist immer der Kläger, also in der Regel der Schutzrechtsinhaber oder der (ausschließliche) Lizenznehmer beweispflichtig. Es liegt an ihm, die eindeutigen Beweise für eine Schutzrechtsverletzung zu erbringen. Dies kann dann einfach sein, wenn es sich um ein Produkt oder eine Vorrichtung handelt, an dem oder an der die anspruchsgemäßen Merkmale leicht zu erkennen sind. Dies ist in der Regel schwierig, wenn es sich beim Schutzrecht um ein Herstellungsverfahren handelt, da der Schutzrechtsinhaber auch nachweisen muss, dass der Beklagte sein geschütztes Verfahren betrieblich verwendet hat. Da Industriespionage ein unzulässiges Beweismittel ist, insbesondere da es selbst mit Strafe bedroht ist, muss der Schutzrechtsinhaber auf andere Weise zu geeigneten Beweisen kommen (zum Beispiel aufgrund von Veröffentlichungen, Prospekten oder mündlichen Aussagen des Verletzers). Die Gerichte überprüfen dann, ob die Beweise für die Patentverletzung ausreichen (in der Regel hinsichtlich sämtlichen Merkmalen).

6.1.2 Beweislastumkehr

Eine Ausnahme bilden Verfahrensansprüche für neue Erzeugnisse. Bei ihnen wird dem Patentinhaber eine Beweislastumkehr gewährt, das heißt, der Beklagte muss beweisen, dass er nach einem anderen Verfahren hergestellt hat, um den Verletzungsvorwurf entkräften zu können. Das heißt aber nicht, dass der Kläger gar nichts zu beweisen hat – vielmehr muss er zuerst zeigen, dass der vermeintliche Verletzer ein solches Erzeugnis vermarktet, bevor er von dieser Beweislastumkehr Gebrauch machen kann.

6.2 Einwände gegen den Vorwurf der Patentverletzung

6.2.1 Gegenbeweis

Der Beklagte kann gegen den Vorwurf der Patentverletzung mit mehreren Strategien argumentieren: Zum einen kann er den Gegenbeweis für den Eingriff antreten, das heißt, er kann seinerseits nachweisen, dass die vom Schutzrechtsinhaber behauptete Verletzung des Schutzrechtes tatsächlich nicht gegeben ist. Dies ist meist dadurch evident, dass einige Merkmale nicht verwirklicht sind, sondern an ihrer Stelle gänzlich andere Lösungen benutzt werden.

Dazu zählen auch Ausführungsformen, auf die der Patentinhaber bereits eindeutig verzichtet oder in deren Zusammenhang er erklärt hat, sie seien vom Schutz ausgenommen.

Der häufigste Einwand ist der, dass nach bereits bekannten Vorlagen (Stand der Technik) gearbeitet wird. Grundlage ist, dass durch ein Patent nicht die Vermarktung bereits früher verkaufter oder bereits jedem bekannter Dinge behindert werden kann, unabhängig davon, welchen Inhalt ein Patent hat.

6.2.2 Mangelnde Rechtsbeständigkeit des Schutzrechtes

Er kann weiters – und dies geschieht in fast allen Fällen – die mangelnde Rechtsbeständigkeit des Schutzrechtes einwenden, dass es zum Beispiel dem betreffenden Anspruch an Neuheit bzw. Erfindungshöhe mangele bzw. (dies jedoch weniger oft) dass die Erfindung nicht ausführbar oder mangelhaft geoffenbart sei.

Die Gültigkeit oder Wirksamkeit eines Patents wird in vielen Ländern (zum Beispiel in Deutschland und Österreich) von den Patentbehörden beurteilt. Dies erfordert die Einreichung einer gesonderten Nichtigkeitsklage gegen das geltend gemachte Patent oder Gebrauchsmuster. Das gerichtliche Verfahren wird dann bis zur endgültigen Entscheidung über den Bestand eines Patents in der Regel ausgesetzt, bis die Patentamtsbehörden ihre endgültige Entscheidung gefasst haben. Oft (zum Beispiel in England, Frankreich oder in der Schweiz) wird die Beurteilung der Rechtsbeständigkeit des Schutzrechtes aber auch direkt vom Gericht vorgenommen.

6.2.3 Erschöpfung

Weiters kann der der Verletzung Beschuldigte geltend machen, dass sich das Schutzrecht des Klägers bereits »erschöpft« hat; dies ist dann der Fall, wenn der betreffende Gegenstand bereits einmal mit Zustimmung des Patentinhabers in den geschäftlichen Verkehr eingebracht worden ist und daher ein gemeinfreies Wirtschaftsgut ist. Dies ist auch dann der Fall, wenn die Gegenstände von einem Lizenznehmer verkauft worden sind. Wenn daher ein Dritter die vom Schutzrechtsinhaber oder von einem Lizenznehmer erworbenen geschützten Gegenstände weiterverkauft, kann das Schutzrecht nicht mehr gegen ihn geltend gemacht werden, da sich, wie man sagt, das Schutzrecht durch den erstmaligen Verkauf »erschöpft« hat. Bei diesem Erstverkauf hat ja der Schutzrechtsinhaber Gelegenheit gehabt, von seinem Schutzrecht finanziell zu profitieren. Ganz allgemein gesagt, sind jene Gegenstände, zu deren Verkauf der Schutzrechtsinhaber zugestimmt hat, von dieser »Erschöpfungsregel« erfasst. In der Regel gilt dies nur für das jeweilige Land, in dem das Schutzrecht besteht und für das zugestimmt wurde.

In der EU ist zu beachten, dass die »Erschöpfung« in der gesamten Gemeinschaft gilt (bzw. im gesamten EWR-Bereich), das heißt, dass durch einen Verkauf eines patentgeschützten Gegenstandes durch den Patentinhaber in Deutschland sein Patentrecht auch zum Beispiel in Österreich erschöpft ist. Wenn etwa ein Patentinhaber einer Firma in Deutschland 20.000 Stück eines patentgeschützten Gegenstandes verkauft und diese Firma davon 10.000 Stück in Österreich verkaufen will, so kann der Patentinhaber die Firma von diesem Verkauf nicht unter Berufung auf sein österreichisches Patent für diesen Gegenstand abhalten. Dieser weitere Verkauf innerhalb der Gemeinschaft ist somit frei. Dies gilt natürlich nicht im Verhältnis zur Schweiz – und da diese nicht EU- oder EWR-Mitglied ist, gilt die Erschöpfung nur für das Gebiet der Schweiz und nicht auch für den Export.

6.2.4 Anderes

Als weitere rechtshindernde oder rechtsvernichtende Tatsachen, welche vom Beklagten vorgebracht werden können, sind ein Vorbenutzerrecht vonseiten des Beklagten oder die mangelnde Inhaberschaft des Klägers, eine Lizenzerteilung oder einfache Zustimmung und dergleichen zu nennen, wie dies im Kapitel 5 behandelt wurde. Auch für diese Punkte ist der Beklagte beweispflichtig.

6.3 Bei welchen Gerichten können Verletzungsklagen erhoben werden?

In der Regel werden Verletzungsklagen bei bestimmten Zivilgerichten abgehandelt; die Verjährungsfrist hiefür beträgt in den meisten Staaten drei Jahre – es muss also innerhalb von drei Jahren ab Kenntnis der Verletzung und des Verletzers geklagt werden. Allerdings beginnt diese Verjährungsfrist bei jeder Verletzungshandlung neu zu laufen.

Es ist jedoch auch möglich, bei wissentlicher Patentverletzung eine Strafklage gegen den Verletzer einzureichen und den Verletzungsprozess vor einem Strafgericht durchzuführen. Der Schutzrechtsinhaber tritt in diesem Fall als Privatankläger auf, das Verfahren wird also ohne Staatsanwalt durchgeführt. Hiefür beträgt diese Verjährungsfrist aber nur sechs Wochen, was für eine gründliche Vorbereitung meist zu kurz ist. Außerdem ist der Nachweis der Wissentlichkeit der Verletzung meist kaum zu erbringen. Deshalb kommt es nur selten zu solchen Strafklagen.

In der Regel können die Gerichte eines Staates nur über die Verletzung in diesem Staat befinden. Nach einem EU-Abkommen (Brüssler Abkommen) ist es aber unter den darin vorgeschriebenen Bedingungen auch möglich, bei dem zuständigen Gericht eines Staates die gleichartige Verletzung desselben Verletzers in mehreren EU-Staaten zu unterbinden.

6.4 Welche Maßnahmen können gegen einen Patentverletzer durchgesetzt werden?

Die Patent- und Gebrauchsmustergesetze gewähren einem Schutzrechtsinhaber mehrere Maßnahmen (auch »Ansprüche« genannt), um ein Schutzrecht durchzusetzen.

Der wichtigste Anspruch ist dabei zweifellos der **Unterlassungsanspruch**, mit welchem ein Verletzer per Gerichtsurteil dazu gezwungen werden kann, eine bestimmte, das Schutzrecht verletzende Handlung (zum Beispiel den Verkauf oder die Herstellung von patentgeschützten Gegenständen) zu unterlassen. Das Urteil in einem Verletzungsprozess bildet dabei einen Exekutionstitel. Verstößt der Verletzer dann erneut gegen das Schutzrecht, so braucht nicht eine neuerliche Verletzungsklage eingereicht zu werden, sondern es kann in der Regel gleich mit Exekution aufgrund des Urteils gegen ihn vorgegangen werden. Diese führt zu Bußgeldern, die dem Verletzer auferlegt werden und an den Staat zu zahlen sind, sowie zum Kostenersatz. Mit jeder weiteren Verletzung steigen diese Bußgelder, bis schließlich auch Arrest verhängt werden kann. Sollte der Verletzer also ohne Rücksicht auf das Gerichtsurteil weiter verkaufen, so kann auch wöchentlich oder täglich Exekution geführt werden, bis er dies einstellt.

Ein weiterer Anspruch des Verletzten ist sein **Beseitigungsanspruch** (Vernichtungsanspruch) für die die Patente oder Gebrauchsmuster verletzenden Gegenstände oder Werkzeuge (vor allem Formen). Finden sich also in den Lagerbeständen des Verletzers noch weitere verletzende Produkte, so können diese auf Antrag des Verletzten und auf Kosten des Verletzers vernichtet werden; eine Maßnahme, die von Schutzrechtsinhabern in manchen Fällen äußerst medienwirksam umgesetzt wird, um die Abschreckungswirkung für weitere potentielle Verletzer zu verstärken. So wurden zum Beispiel im Verletzungsfall Polaroid gegen Kodak, Sofortbildkameras betreffend (siehe »Geistesblitz« Nr. 13), sämtliche noch am Markt befindlichen Kodak-Sofortbildkameras unter großem Medienecho eingezogen.

Weiters können im Rahmen eines Verletzungsprozesses auch **vermögensrechtliche Ansprüche** durchgesetzt werden. Der Verletzte hat jedenfalls Anspruch auf ein »angemessenes Entgelt«, welches ihm der Verletzer für die unerlaubte Verwendung seiner Erfindung zu zahlen hat. Dieses »angemessene Entgelt« wird in der Regel als eine im jeweiligen Fachgebiet übliche Lizenzgebühr berechnet.

Bei wissentlicher Patentverletzung kann der Verletzte anstelle des Entgelts auch einen höheren Schadensersatz verlangen, wie zum Beispiel den ihm entgangenen Gewinn, die Herausgabe des Gewinnes des Verletzers aufgrund der Schutzrechtsverletzung oder Entschädigungen für sonstige Nachteile, die der Schutzrechtsinhaber durch die widerrechtliche Nutzung der Erfindung durch den Verletzer erlitten hat (wenn zum Beispiel das Vertrauen des Marktes in ein von ihm hergestelltes Produkt durch die schlechte Qualität des Verletzungsproduktes beeinträchtigt wurde). Dafür ist Voraussetzung, dass der Verletzer den Patentschutz kannte (Wissentlichkeit), und darüber hinaus der zwingende Nachweis zu erbringen ist, dass wegen der widerrechtlichen Verkäufe der Patentinhaber tatsächlich wenigstens einen Auftrag verlor.

Um diese finanziellen Forderungen auch berechnen zu können, steht dem Verletzten ein **Rechnungslegungsanspruch** zu. Der Verletzer hat also dem Verletzten die Daten bekannt zu geben und eventuell auch über einen Buchsachverständigen Einblick in seine Buchhaltungsunterlagen zu geben, um aus diesen eruieren zu lassen, welchen Umfang die Verletzungshandlungen gehabt haben.

Die im Verletzungsstreit obsiegende Partei hat auch Anspruch auf **Urteilsveröffentlichung**, wobei das Urteil auf Kosten des Gegners (z. B. in einer überregionalen Tageszeitung oder in einer Fachzeitschrift) veröffentlicht wird. Dies ist meist für den Verletzer der unangenehmste Teil, nicht nur wegen seines Rufes, sondern auch wegen der hohen Kosten (eine Viertelseite in der Samstagsausgabe der »Krone« oder des »Kuriers« ist sehr teuer).

In Deutschland besteht zusätzlich noch der Anspruch auf **Auskunft über Herkunft und Vertriebsweg.** Dabei sind Angaben über Namen und Anschrift des Herstellers, Lieferanten und andere Vorbesitzer des Erzeugnisses, des Verletzers und seiner Auftraggeber sowie über die Menge der hergestellten, ausgelieferten, erhaltenen oder bestellten Erzeugnisse zu machen sowie, an wen diese geliefert worden sind. Damit wird die Aufdeckung der Quelle und des Vertriebsweges von rechtsverletzender Ware ermöglicht, damit der Patentinhaber wirksam die ganze Verletzerkette bekämpfen kann. Leider gibt es diese Möglichkeit in Österreich oder in der Schweiz (noch) nicht. In Österreich wird sie aber demnächst eingeführt.

Besonders wirksam ist ein gleichzeitiges Verfahren auf eine **Einstweilige Verfügung.** Mit dieser kann jederzeit vor und während des normalen Verletzungsverfahrens vom Gericht das Gebot erlangt werden, die verletzenden Handlungen sofort bis zur Enderledigung des normalen Verletzungsverfahrens einzustellen und zu unterlassen. Besonders bei einer Einwendung des Verletzers, das Schutzrecht sei nichtig – was die Verfahrensdauer wegen der zusätzlichen Beschäftigung des Patentamtes mit dieser Frage wesentlich erhöht –, kann dies erforderlich sein, um die schädigenden Effekte der Verletzung am Markt schon während der Verfahrensdauer zu unterbinden. Sollte man sich aber irren und wurde diese Verfügung zu Unrecht erlassen, zahlt der Schutzrechtsinhaber dem unberechtigt behinderten Konkurrenten vollen Schadensersatz. Man muss daher mit dieser scharfen Waffe vorsichtig umgehen.

In Österreich ist dies leicht dadurch möglich, indem eine Einstweilige Verfügung erst später beantragt wird, wenn sich der Schutzrechtsinhaber seiner Sache ganz sicher sein kann, etwa weil die vorgebrachten Einwendungen nicht zielführend sind. In anderen Ländern, zum Beispiel in Deutschland, Frankreich oder England, kann allerdings eine Einstweilige Verfügung nur gleich (binnen kurzer Zeit) eingebracht werden, was zur besonderen Vorsicht nötigt.

Wie erwähnt, sind diese Gerichtsurteile, aber auch die Beschlüsse in einem Verfahren auf Einstweilige Verfügung, Exekutionstitel, daher stehen einem alle Möglichkeiten zur Durchsetzung dieser Ansprüche im Exekutionsverfahren zu.

6.5 Zollverfahren

Um es gar nicht erst zu verletzenden Verkäufen auf dem Markt bei Warenimporten von außerhalb der EU kommen zu lassen, regelt eine EU-Verordnung, dass patentverletzende Waren bei Import oder bei der Durchfuhr durch ein EU-Land gleich vom Zoll beschlagnahmt werden (gilt nicht für Gebrauchsmuster!).

Voraussetzung hiefür ist ein entsprechender Antrag mit näheren Angaben bei einer zuständigen Behörde (zum Beispiel in Österreich beim Zollamt Arnoldstein) und die Zahlung einer Kaution. Erfolgt dann bei irgendeiner Zollstelle eine solche Beschlagnahme, wird der Patentinhaber davon verständigt, dieser kann die Ware zur Feststellung der Verletzung besichtigen (auch fotografieren) und muss dann innerhalb von zehn Werktagen (Frist auf 20 Werktage verlängerbar) die Verletzungsklage einbringen. Weist er dies dem Zollamt nach, so wird die Ware – zumindest wenn eine Einstweilige Verfügung erlassen wurde – auf Prozessdauer verwahrt und kann schließlich bei Bestätigung durch das Gericht vom Zoll vernichtet werden.

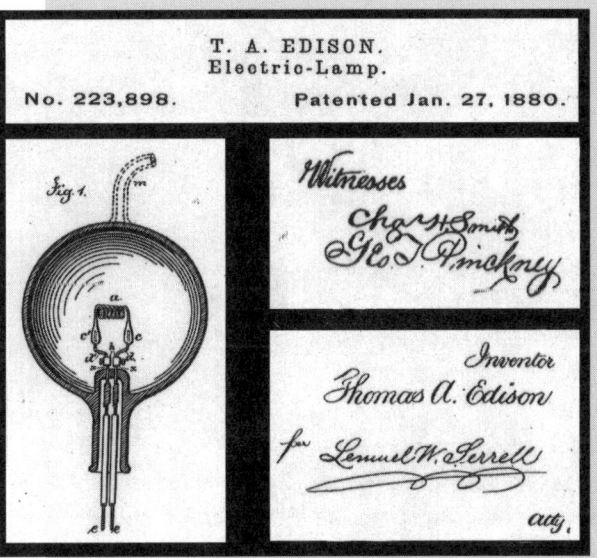

T. A. EDISON.
Electric-Lamp.

No. 223,898.   Patented Jan. 27, 1880.

Thomas Edisons Glühbirne

Thomas Alva Edison (1847–1931) gilt heute als die Verkörperung des amerikanischen Erfindergeistes schlechthin. Sein ganzes Leben lang trachtete er danach, Innovationen zu schaffen, die das Leben verbessern sollten, und damit auch »Dollars« zu machen. Dabei hätte er dies gar nicht nötig gehabt, denn sein Vater war ein wohlhabender Geschäftsmann. Bereits mit seiner ersten Erfindung, einem telegrafischen Börseticker, der 1868 patentiert wurde, verdiente er so viel Geld, dass er in Newark eine elektrotechnische Werkstatt einrichten konnte. 1876 gründete er dann in Menlo Park (New Jersey) das erste moderne Forschungslaboratorium der Welt und wurde als »the Wizard of Menlo Park« (»der Zauberer von Menlo Park«) bezeichnet. Neben derart herausragenden und bekannten Erfindungen wie dem Phonographen, zahlreichen Telefon- und Telegrafenweiterentwicklungen, dem Kinematographen

Geistesblitz Nr. 6

*(einer Filmkamera für Bewegungsaufnahmen) und dem Kohlekör-
ner-Mikrofon war es vor allem die Erfindung der funktionierenden
Glühbirne, die Edisons Ruf und die Finanzkraft seiner Firmen
begründete.*

*Die Art und Weise der Entwicklung dieser Glühbirne war aber
ebenfalls sinnbildlich für die unermüdliche Arbeit von Edison, die
zwar im Ergebnis immer als geniale Tätigkeit erschien, die jedoch
erst durch unglaublichen Einsatz von Edison selbst und seinen Mit-
arbeitern ermöglicht wurde.*

*Das Problem bei der Glühbirne lag darin, ein für den Glühfaden
geeignetes Material zu finden, das im luftleeren Glasbehälter der
Glühbirne durch den durchgeschickten Strom zum Leuchten
gebracht werden konnte und diese Belastung lange genug aushielt,
um gebrauchsfähig zu sein. Dreizehn Monate experimentierten Edison und Mitarbeiter Tag und Nacht mit Metallen und Metalllegie-
rungen, wobei sie Stahl, Silber, Platin, Platiniridium, Holz, Rohr,
Ton und viele andere Substanzen versuchten; immer wieder jedoch
schmolzen oder verbrannten die Fäden vorzeitig. Sogar den sonst
unverdrossenen Edison begannen, wie er selbst sagte, die Glühlampen langsam anzuekeln. Dazu kam, dass Edisons Versuche auch der
Öffentlichkeit bekannt wurden, da er mittlerweile in den USA ein
angesehener Erfinder war. Die Gerüchte, dass der große Edison das
elektrische Licht erfinden wollte, bewirkten, dass die Aktienkurse
der Gasgesellschaften, die bislang praktisch ein Monopol auf die
Beleuchtung hatten, an den Börsen fielen und panikartige Angst-
käufe und -verkäufe sich ablösten. Auch aus diesem Grund konnte
Edison nicht aufgeben. Nie zuvor hatte ein Forschungsteam verbis-
sener an einer Aufgabe gearbeitet, wobei Edison allen ein Vorbild
war. Alle schliefen damals wie er selber nur wenige Stunden, und
das im Labor.*

*Eines Tages, nach einem weiteren vergeblichen Versuch, fiel Edisons
Blick auf einen von seiner Arbeitsjacke hängenden Faden – er riss
ihn ab und brachte ihn seinen Assistenten: »Hey, Boys, probieren*

wir's mal hiermit.« Mehr mit dem Mut der Verzweiflung als mit dem wirklichen Glauben an den Erfolg wurde der Zwirnfaden verkohlt, zu einem Glühfaden geformt und in den luftleeren Glasbehälter eingeschmolzen. Dann nahm Edison seine Uhr in die Hand und das Experiment begann. Wie lange würde der Faden durchhalten? Zehn Minuten, zwanzig Minuten, eine halbe Stunde – der Faden leuchtete noch immer, ohne Flackern, in stiller gelblicher Glut. Eine Stunde, zwei Stunden – der Faden hielt 40 Stunden durch. Edison hatte es wieder einmal geschafft.

Mit diesem Versuch vom 21./22. Oktober 1879 begründete Edison die moderne Lichtindustrie. Am 27. Januar 1880 wurde Edison auch das US-Patent 223,898 erteilt, das Grundlagenpatent für die Glühbirne. Trotz der enormen Vorteile, die das elektrische Licht gegenüber dem Gas- bzw. Petroleumlicht, das zur damaligen Zeit gebräuchlich war, aufwies, setzte sich die Glühbirne nur langsam durch – es gab nämlich weder Elektrizitätswerke noch elektrische Leitungen noch sonst eine elektrische Infrastruktur, die die sofortige Anwendung des elektrischen Lichtes ermöglicht hätte. Auf der Grundlage seines Glühbirnenpatents gründete Edison die erste Elektrizitätsfirma der Welt. Dank seiner Gabe für das Praktische, seinem enormen Fleiß und seinem Innovationspotential, das sich in insgesamt 1.093 Patenten niederschlug, baute Edison die für das elektrische Licht notwendige Infrastruktur auf, zuerst in den USA, dann in der restlichen industrialisierten Welt. Er errichtete die ersten Elektrizitätswerke, die ersten elektrischen Leitungssysteme und die ersten Stromverteilernetze. Neue Generatoren, verbesserte Glühlampen, ganze Elektrizitätswerke bildeten den Inhalt seiner 389 Glühlampen- und Elektrizitätspatente. Im Jahre 1889 gründete Edison die General Electric Company, die noch heute zu den größten Firmen der Welt gehört. Die enormen Kosten und die vielen Rückschläge dieser Entwicklungen konnten nur unter dem Schutz der Patente verkraftet werden.

In Anbetracht des hohen Gewinnpotentials dieser Technologie war

es nicht verwunderlich, dass das US-Patent 223,898 der Anlass für eine der größten patentrechtlichen Auseinandersetzungen des 19. Jahrhunderts war. Die Duellanten waren Edisons Firmen auf der einen und die Westinghouse Electrical and Manufacturing Company sowie die United States Electric Lightning Company auf der anderen Seite. Die endgültige Entscheidung der Schlacht gab es im Oktober 1892. Beide Urteile lauteten zugunsten von Edison.

Insgesamt wurden von Edisons Anwälten über 200 Verfahren gegen Nachahmer eingeleitet, in denen mehr als 50 Patente geltend gemacht wurden, wobei sich die Kosten auf damals unglaubliche zwei Millionen Dollar beliefen. Edison selbst war den Patentstreitigkeiten eher abgeneigt. Er erklärte: »Meine Erfindung des elektrischen Lichts hat mir keinerlei Profit gebracht, sondern 40 Jahre lang nur Prozesse.« Er erkannte jedoch spätestens nach dem »Showdown« von 1892, dass dies die einzige Möglichkeit war, gegen »Trittbrettfahrer« vorzugehen, die seine Erfindung, an der er jahrelang intensiv und unter hohem Aufwand gearbeitet hatte, einfach nachahmten.

7 Das Schutzrecht als wirtschaftliches Gut

7.1 Übergabe von Schutzrechten

Ein Schutzrecht ist nicht nur bei Gericht durchsetzbar, sondern auch frei verkäuflich. Ein Schutzrechtsinhaber kann daher zum Beispiel sein Patent mittels Kaufvertrag an andere übertragen. Mit der Übertragung verliert er aber sämtliche Rechte (wenn nichts anderes vertraglich fixiert worden ist), er darf daher im Zweifelsfall sein Schutzrecht nach dem Verkauf nicht mehr ausüben. Natürlich können zur Gewinnung von Geldgebern oder zur Schaffung von Entwicklungsmöglichkeiten auch Anteile am Patent verkauft werden. Dadurch entsteht eine Patentgemeinschaft, bei der die Prozentsätze der jeweiligen Beteiligungen und die jeweiligen Rechte und Pflichten sowie die Art und Weise der Entscheidungsfindung geregelt werden müssten.

Schutzrechte können selbstverständlich auch vererbt werden. Der Erblasser sollte aber diesbezüglich Verfügungen für den Todesfall treffen, um die Verwertungshandlungen des (der) Erben zu erleichtern.

In gleicher Weise sind Schenkungen möglich. Dies ist besonders dann interessant, wenn Lizenzeinnahmen fließen (können).

7.2 Pfandrecht

Wie jedes wirtschaftliche Gut kann ein Patent oder Gebrauchsmuster, etwa zur Besicherung von Krediten, verpfändet werden. Hierbei muss aber auf die recht unterschiedlichen nationalen Gegebenheiten geachtet werden, insbesondere, wie ein solches Pfandrecht genutzt werden kann und ob und in welcher Weise eine Registereintragung erfolgen muss.

7.3 Lizenzvergabe

Neben der Nutzung des Schutzrechtes zur Bewahrung eines Technologievorsprunges für das eigene Unternehmen, etwa aufgrund eines billigeren

Produktionsverfahrens oder durch die Möglichkeit zur Erreichung eines höheren Erlöses, bildet die wichtigste finanzielle Verwertung von Schutzrechten die Vergabe von Lizenzen.

Bei der Lizenzvergabe gewährt der Schutzrechtsinhaber einem Interessenten (Nicht-Schutzrechtsinhaber) ein Benutzungsrecht an der Erfindung. Die Bedingungen und das Ausmaß dieses Nutzungsrechts unterliegen der Vertragsfreiheit und müssen daher im **Lizenzvertrag** definiert werden. Das Verhandeln und Abschließen von Lizenzen und das Ausfertigen von wirksamen Lizenzverträgen ist eine äußerst heikle und in jedem Fall individuelle Angelegenheit, der oft langwierige Vertragsverhandlungen vorausgehen. Da bei Lizenzverhandlungen sehr viele Details abgeklärt und gesichert werden müssen, ist eine große Erfahrung notwendig, um bei den Vertragsverhandlungen ein für beide Seiten zufrieden stellendes Ergebnis zu erzielen. Es gibt zwar so genannte »Standardverträge«, welche aber immer mit großer Vorsicht und nur als »Checklisten« zu verwenden sind, da kaum einmal ein Standardvertrag tatsächlich auf ein ausverhandeltes Ergebnis der Lizenzpartner »passt«. Schlecht formulierte Lizenzverträge sind später eine Quelle ständigen Ärgernisses und von Streitigkeiten und bringen schließlich die aufgewendeten Entwicklungs- und Patentierungskosten nicht herein.

Bei solchen Lizenzverträgen gilt zwar in der Regel Vertragsfreiheit, jedoch sind verschiedene Gesetze, vor allem die nationalen Kartellrechte und das EU-Wettbewerbsrecht, zu berücksichtigen. Daher ist auch hierfür ein rechtlicher Beistand (Patentanwalt oder Rechtsanwalt) dringend zu empfehlen.

Oft sind bei Vertragspartnern aus verschiedenen Staaten auch unterschiedliche Rechtsnormen zu berücksichtigen.

7.3.1 Wie findet man einen Lizenznehmer ?

Die Suche nach geeigneten Lizenzpartnern kann vor allem für Einzelerfinder oder für noch junge Unternehmen Probleme bereiten. Hierbei können allerdings Vermittlungs- und Innovationsagenturen (siehe Adressenverzeichnis) behilflich sein. Die EU hat sich die Verbreitung und Nutzung der Ergebnisse aus Forschung und Entwicklung, vor allem von Klein- und Mittelbetrieben, zu einem wesentlichen Ziel gesetzt. Die hierfür zuständige Generaldirektion der Europäischen Kommission will dabei nicht nur ein günstiges Umfeld für Technologieweitergabe und Innovation schaffen, sondern auch entsprechende europäische Netze und Dienste zum Technologietransfer bereitstellen. Dazu wurden und werden nationale Kontakt- und Servicestellen eingerichtet, über welche auch zukünftige Lizenzpartner vor allem im EU-Ausland gefunden werden können.

In Deutschland kann ein Patentinhaber die so genannte **Lizenzbereitschaft** gegenüber dem Patentamt bekunden, die dann ins Patentregister eingetragen wird. Wenn dies ein Patentinhaber tut, eröffnet er damit Dritten die Möglichkeit, eine nicht ausschließliche Lizenz zu angemessenen Lizenzgebühren zu erhalten. Der Vorteil für den Patentinhaber liegt darin, dass er, sobald er seine Lizenzbereitschaft erklärt hat, nur mehr die Hälfte der Jahresgebühren zahlen muss.

7.3.2 Welche Arten von Lizenzen gibt es ?

Wie erwähnt, unterliegt der Lizenzvertrag weitgehend dem freien Vertragsrecht. Es ist also ausschließlich den Vertragsparteien vorbehalten, ob das Nutzungsrecht ausschließlich dem Lizenznehmer gehören soll (**ausschließliche Lizenz**), ob der Patentinhaber für sich noch ein Nutzungsrecht beibehalten darf (einzige Lizenz), ob es daneben weitere Lizenznehmer geben darf (**einfache Lizenz**) oder ob gleichzeitig mit der Lizenz auch eine Nutzungsberechtigung an einem Schutzrecht des Lizenznehmers eingeräumt wird (**Kreuz-Lizensierung**). Neben diesen erwähnten Grundtypen von Lizenzen sind aber auch viele Spielarten von Lizenzverträgen möglich, insbesondere wenn mehrere Schutzrechte bzw. Arten von Schutzrechten Gegenstand des Vertrages sein sollen. Gerade solche Lizenzen werden öfters in den verschiedensten Kooperationen vergeben und bilden so oft auch einen Teil eines Jointventure-Vertrages.

Eine **Zwangslizenz** ist – wie schon der Name sagt – eine Lizenz, die vom Patentinhaber nicht freiwillig abgegeben wird, sondern die vom Staat erteilt wird, wenn dies im öffentlichen Interesse liegt. Es gibt sie nur bei Patenten – nicht bei Gebrauchsmustern. Eine Zwangslizenz wird auf Antrag erteilt, wenn ein Patent grundlos nicht in angemessenem Umfang im jeweiligen Staat ausgeführt wird oder eine wichtige Verbesserung eines anderen ohne Lizenz am Grundpatent nicht wirtschaftlich verwertet werden könnte. Da Zwangslizenzen einen massiven Eingriff in die Besitzverhältnisse eines Patentinhabers darstellen, wird dieses Mittel äußerst selten eingesetzt. Dazu kommt noch, dass die »angemessene Ausübung« auch **89** durch Import gesichert werden kann. Für Deutschland kann allerdings eine Zwangslizenz nur aus dem erstgenannten Grund, dem öffentlichen Interesse, eingeräumt werden.

7.3.3 Kombinierter Patent-/Know-how-Lizenzvertrag

Meist wird mit dem Lizenzvertrag an einem Schutzrecht auch zusätzliches Know-how an einer Erfindung oder Entwicklung an den Lizenznehmer übertragen, womit ihm die Realisierung der Erfindung erleichtert werden kann. Beim (nicht) patent- oder gebrauchsmustergeschützten Know-how ist gerade wegen des Nichtbestehens von Schutzrechten hierfür besondere Sorgfalt bei den Vertragsverhandlungen und beim Vertragsabschluss notwendig, damit sich ein vermeintlicher Lizenznehmer nicht nach Abbruch der Verhandlungen vor Vertragsabschluss bereits im Besitz des Know-how befindet und dieses dann – da es ja ungeschützt ist – frei verwendet. Bei Know-how-Lizenzen bzw. bei der Lizensierung von Know-how im Rahmen von Patentlizenzen ist es durch das Kartellrecht erforderlich, dass das vertragsgemäße Know-how identifizierbar, geheim und für die Umsetzung (Herstellung) wesentlich ist. Die Identifizierbarkeit wird am besten durch eine Dokumentation sichergestellt.

Ohne eine klare Vorstellung, worin dieses Know-how besteht und wie es übertragen werden soll, sind die auf das Know-how bezogenen Vertragsteile eines Lizenzvertrages meist wertlos.

7.3.4 Geheimhaltungsvertrag

Es empfiehlt sich, vor Lizenzverhandlungen über Schutzrechte und insbesondere über Know-how eine Geheimhaltungserklärung zwischen den Verhandlungsparteien abzuschließen. Diese Geheimhaltungserklärungen sind dann von Bedeutung, wenn die Verhandlungen aus irgendwelchen Gründen scheitern sollten. In diesen Geheimhaltungsabkommen sollte möglichst genau festgehalten werden, welche Informationen geheim gehalten werden sollen und wie diese Informationen genützt werden dürfen sowie welche konkreten Sanktionen neben der allgemeinen Schadenersatzverpflichtung ein Bruch der Geheimhaltungspflicht mit sich bringen soll.

7.3.5 EU-Technologietransfer-Verordnung

Einige Rahmenbedingungen, die bei Patent-/Know-how-Lizenzverträgen zwischen Unternehmen, deren gemeinsamer Umsatz bzw. Marktanteil am relevanten Markt eine bestimmte Größe übersteigt, zu beachten sind, wurden zur Erleichterung für die Parteien und die Kartellbehörden in einer Gruppenfreistellungsverordnung der EU festgelegt, der so genannten »Technologietransfer-Verordnung« (»Verordnung [EG] Nr. 240/96 der Kommission zur Anwendung von Art. 85 Abs. 3 des Vertrages auf Gruppen von Technologietransfer-Vereinbarungen«). Diese enthält eine Liste von Klauseln, die praktisch ausnahmslos verboten sind, solche, die praktisch immer zulässig sind, und andere, die unter bestimmten Umständen nicht zu beanstanden sind. In dieser Technologietransfer-Verordnung ist beispielsweise geregelt, dass Klauseln in Lizenz-/Know-how-Verträgen, mit welchen dem Lizenznehmer Beschränkungen hinsichtlich der Festsetzung von Verkaufspreisen auferlegt werden, verboten sind. Gleichfalls werden (abgesehen von zwei strengen Ausnahmen) jegliche Beschränkungen hinsichtlich einer Höchstmenge an Lizenzprodukten, die der Lizenznehmer herstellen darf, als wettbewerbswidrig und daher verboten angesehen. Ausschließliche Patentlizenzen werden auf Patentdauer erlaubt, aber ausschließliche Know-how-Lizenzen nur zeitlich beschränkt. Erlaubt ist gemäß der Technologietransfer-Verordnung auch zum Beispiel die Festsetzung von Mindestlizenzgebühren bzw. von Mindeststückzahlen, die im Rahmen der Lizenzvereinbarung produziert werden sollen. Wenn man sich in den Lizenzverträgen an diese Gruppenfreistellungs-Verordnung hält, hat man später keine kartellrechtlichen Probleme.

Den Klein- und Mittelbetrieben unter diesen Marktanteilen wird durch eine so genannte »Bagatellbekanntmachung« zwar viel weitere Freiheit gelassen und keine Sanktion angedroht, jedoch können auch diese nicht sicher sein, dass ihre guten Produkte nicht derart Marktanteile gewinnen, sodass diese Technologietransfer-Verordnung dann plötzlich anwendbar wird. Außerdem behält sich die EU-Kommission vor, selbst bei diesen einzuschreiten, wenn Preise geregelt oder eine Marktaufteilung und ein Gebietsschutz vereinbart werden.

7.3.6 Patent-Pools

Bei gemeinsamen Entwicklungen von mehreren Firmen, aber auch, wenn mehrere Schutzrechte verschiedener Firmen für ein Erzeugnis benötigt werden, ist es üblich geworden, die entstehenden Schutzrechte in Patent-Pools einzubringen und die Nutzungen den Mitgliedern dieser Pools, eventuell unter bestimmten Bedingungen, zu überlassen, wobei eventuell auch die Kosten für die Schutzrechte untereinander nach bestimmten, vertraglich festzuhaltenden Schlüsseln aufgeteilt werden. Soweit solche gemeinsamen Erfindungsbenutzungen aus gemeinsamen Forschungs- und Entwicklungsarbeiten hervorgehen, ist hierauf in der EU kartellrechtlich die Verordnung (EG) Nr. 418/85 vom 19. Dezember 1984 betreffend Vereinbarungen über Forschung und Entwicklung anzuwenden.

7.4 Patent und Gewerbeberechtigung

In Österreich besteht für Patente auch die Besonderheit, dass es für einen Patentinhaber nicht erforderlich ist, eine Gewerbeberechtigung zu erlangen, um den Inhalt seines Schutzrechtes ausüben zu dürfen. Diese Gewerbefreiheit gilt jedoch lediglich im Umfang seines Schutzrechtes. Es kommt daher in diesem Fall besonders auf die geschickte Anspruchsformulierung an. So zum Beispiel wäre ein Inhaber eines Patents auf eine »Vorrichtung zur Abfüllung von Sodawasser« ohne Gewerbeberechtigung für das Gastgewerbe lediglich dazu berechtigt, Sodawasser herzustellen und zu verteilen. Bezieht sich jedoch der Anspruch auf eine »Vorrichtung zur Abfüllung von Getränken«, so könnte er damit Getränke aller Art herstellen und verkaufen, ohne dass er dafür eine Gewerbeberechtigung haben müsste. Eine weitere Voraussetzung dafür, dass er unter diese Ausnahmeklausel fällt, ist, dass dem Patentinhaber mindestens 25 Prozent des Schutzrechtes gehören. Grund für diese Regelung ist, dass diese Bestimmung früher missbraucht wurde, indem zum Beispiel ein Inhaber eines Patents für eine Kaffeemaschine jeweils Promille-Anteile dieses Patents verkauft hat und jeder der Promille-Anteilshalter am Patent somit berechtigt war, ohne Gewerbeberechtigung einen Kaffeeausschank zu betreiben. Diese Vorfälle wurden in den siebziger Jahren in Österreich zu einem Politikum, und so setzte man die Gesetzesänderung zur 25-Prozent-Beschränkung rasch durch.

7.5   Der Wert eines Patentes

Es gibt im Wesentlichen drei international anerkannte Bewertungsregeln, um den Wert eines Patentes zu bestimmten. Für jede dieser Regeln gibt es verschiedene konkrete Berechnungsformeln. Dies ist so, da jede außer bestimmten Vorteilen auch Nachteile hat – und viele Spezialisten versuchen, diese irgendwie auszugleichen.

7.5.1   Marktwert

Diese Methode ist die sicherste und genaueste. Sie setzt aber voraus, dass es einen Markt für derartige Patente gibt, auf dem Kaufpreise bekannt sind. Nachdem aber jedes Patent einen verschiedenen Schutzumfang besitzt, ist es meist schwierig, von einem Verkaufspreis eines Patentes auf jenen eines anderen auf dem gleichen Gebiet zu schließen.

Auch zeitlich gibt es Verschiebungen. Wenn vor zehn Jahren viele eine derartige Technologie erwerben wollten, so muss dies nicht auch noch heute gelten. Generell gilt aber, dass heute viel mehr Geschäfte mit Patenten abgeschlossen werden als früher.

Diese Methode ist eigentlich dann am besten anzuwenden, wenn für das zu bewertende Patent bereits früher ein marktgerechter Preis gezahlt oder zumindest geboten wurde und der technologische Inhalt des Patentes noch nicht überholt ist, etwa weil es noch immer ausgeübt wird.

7.5.2   Wiederbeschaffungswert

Dies ist sicherlich die schwierigste und am seltensten angewendete Methode. Wegen des Neuheitsgebotes für Patente kann dasselbe Patent ohnehin nie wiederbeschafft werden. Man berechnet daher zumeist den Gestehungspreis.

Dabei sind die Kosten des Erwerbs und der Durchsetzung der Schutzrechte noch am leichtesten festzustellen und auf heutige Werte hochzurechnen. Welche Entwicklungskosten anfielen, ist meist schon wesentlich strittiger.

Das Hauptproblem liegt aber in der Bewertung des »Geistesblitzes«. Hierzu ist es notwendig, den Geistesblitz eines Erfinders mit den Kosten zu vergleichen, die zur Auffindung der Lösung zu diesem technischen Problem durch herkömmliche Forschungsarbeit erforderlich wären.

7.5.3 Ertragswert

Dieser wird von den Finanzämtern bevorzugt, da diese gewohnt sind, für Besteuerungszwecke auf Erträge zu schauen. Diese Methode wird auch im Zweifelsfall (wenn die anderen Methoden im konkreten Fall kaum zum Ziel führen) angewendet. Die Ertragswert-Methode hat den Nachteil, dass sie nur wirklich sicher anwendbar ist, wenn tatsächlich Erträge zwischen unbeteiligten Dritten fließen, also Lizenzen vergeben sind. Dabei werden die Lizenzeinnahmen auf die noch verbleibende Dauer des Innovationszyklus hochgerechnet und geldwertmäßig abgezinst. Ansonsten müssten mögliche Lizenzeinnahmen geschätzt werden.

Ein Innovationszyklus ist jene Zeitdauer, innerhalb welcher neue Innovationen auf dem entsprechenden Gebiet die patentgeschützten ablösen. Dabei muss ein schleifender Übergang berücksichtigt werden, in dem die Lizenzeinnahmen kontinuierlich zurückgehen, schließlich kommt es nur selten vor, dass ein neues Produkt ein altes von heute auf morgen und vielleicht noch weltweit ersetzt. Beispielsweise wird das Handy mit der Zeit das Festnetztelefon ersetzen, aber es dauert eben viele Jahre. Damit werden Patente für Festnetztelefone nicht plötzlich wertlos, sondern verlieren nur langsam an Wert.

Berechnungen des Wertes sind schwierig, sind aber jetzt häufiger als früher vorzunehmen, weil auch viel häufiger Verkäufe stattfinden. Oft werden Firmenkäufe nur wegen der Schutzrechte vorgenommen, sodass deren Bewertung für den Kaufpreis entscheidend ist. Auch Venture-Kapital-Gesellschaften oder Banken bei Kreditvergabe wollen vorher den Wert von Patenten feststellen, bevor sie Geld in eine Entwicklung oder Vermarktung stecken. Und nicht zuletzt brauchen Gerichte Schätzpreise, wenn sie gepfändete Patente versteigern sollen.

Ein Schutzrecht muss als aktives Wirtschaftsgut betrachtet werden.

Wie sich aus diesem Kapitel ergibt, ist ein Schutzrecht allein für sich, ohne dass es wirtschaftlich eingesetzt wird, wertlos, soweit es nicht zur Beibehaltung eines Freiraumes für das eigene benutzte Produkt gegen die Konkurrenz, also als Defensivrecht (Sperrpatent), eingesetzt wird. Es bedarf erheblicher weiterer Anstrengungen entweder im eigenen Betrieb oder durch Kooperationen mit anderen Firmen (durch Technologietransfer), dass das Schutzrecht tatsächlich Wirkungen zeigt. Wenn man aber das Schutzrecht als das betrachtet und nutzt, was es wirklich ist, nämlich als ein wirtschaftliches Gut, das – ebenso wie alle anderen wirtschaftlichen Güter – aktiv gebraucht werden muss, dann wird es für jede innovative Unternehmung zum unerlässlichen Hilfsmittel bei der Schaffung und Durchsetzung von neuen Technologien.

Exkurs: Das Patent als Informationsquelle

Ein Patentdokument stellt nicht nur ein Schutzrecht dar, aufgrund seines Inhaltes gibt es auch Aufschluss über letzte Neuerungen und zukünftige Entwicklungsrichtungen des Patentinhabers.

Die Überwachung von Patentveröffentlichungen von Konkurrenten oder Mitbewerbern gehört daher zum täglichen Brot jeder Entwicklungsabteilung, teils um über die Fortschritte von Mitbewerbern auf dem Laufenden zu bleiben, teils um (teure) Doppelentwicklungen zu vermeiden. Zu beachten ist dabei, dass die Schutzansprüche bei Patentanmeldungen manchmal nur fromme Wünsche des Anmelders sind, da Patentanmeldungen ja noch nicht vom jeweiligen Patentamt auf Neuheit und/oder Erfindungshöhe geprüft wurden. Der endgültige Schutzbereich lässt sich ausschließlich aus veröffentlichten Patenten erfahren.

Patentanmeldungen sind aufgrund ihrer Veröffentlichung auch Dokumente des Standes der Technik; vor Anmeldung einer neuen Erfindung zum Patent sollte daher eine vorbereitende Recherche insbesondere betreffend bereits veröffentlichten Patentanmeldungen durchgeführt werden. Eine derartige Recherche kann entweder in der Bibliothek, zum Beispiel des Österreichischen Patentamtes, selbst durchgeführt oder in Auftrag gegeben werden oder der Erfinder kann heutzutage einfach, rasch und bequem per Internet in den verschiedensten Datenbanken selbst tätig werden. Zumeist genügt die Angabe von einem oder mehreren Stichworten und man erhält einen ersten Überblick darüber, was auf dem bestimmten Gebiet bereits zum Patent angemeldet wurde.

Leider sind praktisch alle Datenbanken mit einem gewissen Backlog behaftet, das heißt, eine gestern veröffentlichte Anmeldung (die daher einen Stand der Technik darstellt) wird erst in einigen Wochen in die Datenbank aufgenommen sein. Auch stellt die richtige Abfrage einer Datenbank eine Kunst für sich dar – zu spezielle Suchworte werden ein allgemeines Prinzip nicht finden können, während zu allgemeine Suchworte einige Tausend Treffer ergeben können, die unmöglich alle studiert werden können.

Ausgewählte Links

Es folgt eine Auswahl an empfehlenswerten Internet-Adressen zum gewerblichen Rechtsschutz bzw. für Recherchen zum Stand der Technik:

▸▸ **Esp@cenet** (ep.espacenet.com)
Eine kostenlose Datenbank von Patentveröffentlichungen; sie wird fast täglich verbessert, ist aber leider immer noch relativ inkomplett. Eine wesentliche Verbesserung ist für das jahr 2001 geplant. Im »Quick Search« werden Recherchemöglichkeiten nach Suchbegriffen, Anmeldungsnummern und Firmennamen (Anmelder) angeboten. Weiters kann in Esp@cenet nach veröffentlichten Patentanmeldungen in Originalsprache aus Österreich, Deutschland, der Schweiz und anderen europäischen Ländern, nach veröffentlichten Anmeldungen beim Europäischen Patentamt (jedoch – derzeit – bloß Offenlegungsschriften, so genannte A-Dokumente) und veröffentlichten Anmeldungen bei der WIPO (PCT) recherchiert werden, darüber hinaus ist eine weltweite Suche in fast 30 Millionen Dokumenten (veröffentlichte Patentanmeldungen mit englischer Zusammenfassung) und auch in japanischen Veröffentlichungen möglich.

Die Suchmaske in Esp@cenet umfasst die folgenden Suchfelder:

▸ Titel bzw. Suchbegriff in der Zusammenfassung
▸ Veröffentlichungsnummer
▸ Anmeldenummer
▸ Prioritätsnummer
▸ Veröffentlichungsdatum
▸ Anmelder
▸ Erfinder
▸ IPC-Klasse

Esp@cenet empfiehlt sich beispielsweise für landesspezifische Recherchen bezüglich Patentanmeldungen von Mitbewerbern oder hinsichtlich einer bestimmten IPC-Klasse.

Der allgemeine Stand der Technik wird besser (und einfacher) mittels

▸▸ **IBM Patent Server** (www.patents.ibm.com)
ermittelt. Der IBM Patent Server ist ebenfalls kostenlos und umfasst US-, EP-, PCT- und JP-Veröffentlichungen; Zusammenfassungen und

Ansprüche sind größtenteils im Volltext erhältlich und können schnell und benutzerfreundlich durchsucht werden. Weiters enthält die IBM-Datenbank auch Informationen zum rechtlichen Status der genannten (weltweiten) Patentfamilie zu einem aufgefundenen Dokument (so genannte »Inpadoc« -Daten).

Ebenfalls empfehlenswert ist die Homepage des US-Patentamtes, dort speziell die Suchmaschine unter

▸▸ **US Patentamt** (www.uspto.gov/web/menu/search.html)
Sie enthält alle US-Dokumente ab 1978, diese können im Volltext (das heißt auf Vorkommen eines Suchwortes im gesamten Text einer US-Veröffentlichung) durchsucht werden.

Weiters sind als Speziallinks zu nennen:

▸▸ **Healthgate Medline**
(www.healthgate.com/medline/adv-medline.shtml)
Sie enthält Veröffentlichungen auf dem Gebiet der Biologie und Biotechnologie, ist sehr hilfreich für Recherchen zum Stand der Technik von Erfindungen auf dem Gebiet der Biologie oder Gentechnologie.

▸▸ **Die EMBL-Datenbank** (www.ebi.ac.uk/databases/index.html)
beinhaltet Nucleotid- und Aminosäure-Sequenzen und ist speziell nützlich für Recherchen bezüglich Genen und Peptiden.

Allgemeine Informationen können gefunden werden bei:

▸▸ **IPR Helpdesk** (www.cordis.lu/ipr-helpdesk/de/home.html)
Diese Website enthält grundlegende Informationen über Patente, Gebrauchsmuster- und Geschmacksmusterrecht, Marken, Urheberrecht und andere Aspekte des geistigen Eigentums.

▸▸ **Innovationsagentur** (www.innovation.co.at)
Eine Kontaktadresse für Förderungen – die Innovationsagentur unterstützt bei der Vermarktung von Erfindungen sowie bei Gründungen von innovativen Firmen.

George Eastmans Rollfilm

Die Fotografie war eine Technik, die zunächst nur auf die Verwendung durch professionelle Fotografen beschränkt war; zu aufwendig war das Hantieren mit den umständlichen Fotografieplatten, auf die eine lichtempfindliche Schicht jeweils unmittelbar vor der Aufnahme

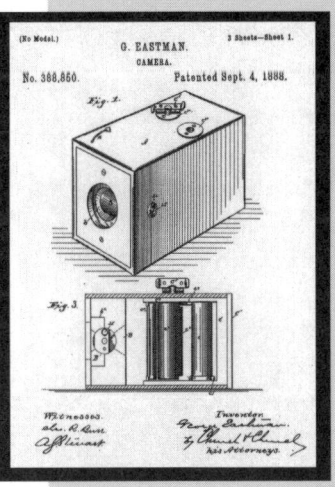

aufgetragen werden musste. Auch wegen der schweren Plattenkameras blieb das Studio der übliche Ort der Anwendung, welche zudem auf Angehörige der oberen Schichten beschränkt war. Erst als die lichtempfindliche Schicht mit Trockengelatine konserviert wurde, konnten die Platten über mehrere Monate haltbar gemacht werden. Diese neuen Platten konnten auch in Fabriken gefertigt werden. Der erste Industrialisierungsprozess in der Fotografie setzte ein. George Eastman (1854–1932) arbeitete zunächst im Versicherungs- und Bankwesen, bevor er mit seinen eigenen Erfindungen unternehmerisch tätig wurde. Diese erfinderische Laufbahn begann 1878 mit der Verbesserung fotografischer Techniken.

Eastman arbeitete dann verbissen an der Herstellung eines Rollfilmes, der die Fotoplatten ersetzen sollte. Von diesem System, das man schon seit 1850 zu entwickeln versucht hatte, versprach man sich nicht nur einfachere Handhabung, sondern auch den Durchbruch beim Normalverbraucher.

1884 gelang es Eastman tatsächlich, einen voll funktionsfähigen Rollfilm zu entwickeln (US-Patent Nr. 370,110): Sein Film wies drei Schichten auf, eine aus Papier, eine aus wasserlöslicher Gelatine und eine aus wasserunlöslicher Gelatine, die auch die lichtempfindlichen Schichten umfasste. Nach der Filmentwicklung musste

die lichtempfindliche Schicht von einem Fotografen von den übrigen Schichten abgetrennt und auf eine Glasplatte aufgebracht werden, worauf die Abzüge gemacht werden konnten.

Im selben Jahr gründete Eastman in Rochester (New York) seine Eastman Dry Plate & Film Company, aus der 1892 die Eastman Kodak Company hervorgehen sollte, noch heute eine der größten Fotofirmen der Welt.

Eastmans Rollfilm entpuppte sich aber zunächst wegen des erforderlichen äußerst komplizierten Umgangs mit dem Film als Flop. Seine Firma florierte aber trotzdem: aufgrund eines speziellen Fotopapiers, dessen Entwicklung ebenfalls auf Eastman zurückging.

Aber Eastman löste auch das Problem mit der diffizilen Handhabung des Films: Er entwickelte eine Kamera, die handlich und einfach zu bedienen war und die bereits einen eingelegten Film enthielt (US-Patent Nr. 388,850). Diese Kamera, die er »Kodak« taufte, wurde 1888 mit dem Werbeslogan »You press the button – we do the rest« auf den Markt gebracht. Mit einem Preis von 25 Dollar als absolutes Massenprodukt konzipiert, brauchte der Konsument nur mehr die Fotos zu knipsen. Wenn 100 (!) Aufnahmen gemacht waren, schickte man die ganze Kamera an Eastmans Firma zurück, wo – für 10 Dollar – die Filme entwickelt und die Fotos ausgearbeitet wurden. Die Kamera schickte Kodak dann – ausgestattet mit einem neuen Film samt den Fotos – wieder an den Konsumenten. Das Zeitalter der Amateur-Fotografie hatte begonnen. Als Eastman 1889 schließlich Zelluloid anstelle von Papier als Trägermaterial für den Rollfilm einsetzte, womit die Entwicklung und Handhabung des Films noch einfacher wurde, avancierte die Eastman Kodak Company endgültig zum Marktführer. Zwischen 1879 und 1904 stiegen die Umsätze der US-Fotoindustrie um mehr als das Fünfzigfache, wobei über ein Drittel auf Eastmans Firma entfiel, ein Anteil, der in dieser Frühphase nur durch den aufrechten Patentschutz für den Rollfilm und die Kamera gehalten werden konnte.

8 Wer kann Patente und Gebrauchsmuster anmelden?

Jeder, der eine Erfindung gemacht hat, ob In- oder Ausländer, kann für diese Erfindung ein Patent oder ein Gebrauchsmuster anmelden.

8.1 Wem steht eine Erfindung zu?

Eine Erfindung steht immer dem Erfinder selbst oder seinem Rechtsnachfolger zu. Rechtsnachfolger des Erfinders sind beispielsweise ein Käufer der Erfindung oder die Erben des Erfinders. Jede natürliche oder juristische Person ebenso wie eine OHG oder eine KG, eine Erwerbsgesellschaft oder eine teilrechtsfähige Universitätseinrichtung kann Anmelder sein. Die Rechtsnachfolge kann aber auch durch ein besonderes rechtliches Verhältnis zwischen Erfinder und Rechtsnachfolger begründet sein. Diese beruht auf einem Vertrag oder auf dem Gesetz.

8.2 Werkverträge

Wem Erfindungen bei Erfüllung von Werkverträgen gehören, ist nach dem jeweils gültigen Recht für Werkverträge und dem Werkvertragsinhalt zu beurteilen. Dies ist bereits bei einfachen Zulieferverträgen von Bedeutung, da selbst bei Aufträgen, einfache Bestandteile zu liefern, der Zulieferer oft Verbesserungen vornimmt oder vorschlägt. Umso mehr Bedeutung hat dies bei Forschungs- und Entwicklungsaufträgen. Es ist daher entscheidend, dass bei jedem Liefer- und Werkvertrag die Frage der Inhaberschaft und der Umfang etwaiger Nutzungsberechtigungen diskutiert und festgehalten wird, und zwar schriftlich. Dazu zählt auch die Frage, wer anmeldungsberechtigt ist.

Sind keine Regelungen getroffen, so schulden die Werknehmer normalerweise nur die Benutzbarkeit des Werkes (etwa durch eine einfache oder beschränkte Lizenz), nicht aber »die Erfindung« als Recht. Nur in Ausnahmefällen wird sich aus den Umständen oder dem Werkvertrag ergeben, dass eine ausschließliche Lizenz geschuldet wird. Aber auch dabei ist es wieder sehr fraglich, ob diese weltweit Geltung hätte. Daher ist es jedenfalls einfacher und besser, dies von vornherein zu regeln.

8.3 Diensterfindungen

Wenn eine Erfindung eines Arbeitnehmers während dessen aufrechten Dienstverhältnisses ihrem Gegenstand nach in das Arbeitsgebiet seines Unternehmens fällt und der Arbeitnehmer durch Anregungen im Unternehmen oder durch Verwendung von Erfahrungen und Hilfsmitteln des Unternehmens zur Erfindung gelangte bzw. wenn die Tätigkeit, die zur Erfindung geführt hat, zu seinen dienstlichen Obliegenheiten gehört, so liegt eine so genannte »Diensterfindung« vor. In der Schweiz oder in Frankreich gilt eingeschränkt nur die letztere Voraussetzung, außer der Dienstvertrag enthält weitergehende Bestimmungen (gilt für die Schweiz).

Jeder Dienstnehmer, der eine Diensterfindung gemacht hat, muss diese umgehend beim Dienstgeber melden. Innerhalb einer bestimmten Frist (meist drei oder vier Monate) muss dann der Dienstgeber bekannt geben, ob und in welchem Umfang er die Erfindung **»in Anspruch nimmt«**, das heißt, ob er die Erfindung für die Zwecke des Unternehmens nützen will oder nicht.

Erklärt der Dienstgeber, dass er die Erfindung unbeschränkt in Anspruch nimmt, gehen alle Rechte an der Diensterfindung an den Arbeitgeber kraft Gesetz über. Der Dienstnehmer hat in diesem Fall Anspruch auf eine angemessene besondere Vergütung durch den Dienstgeber. Der Dienstgeber kann die Erfindung auch nur »teilweise« in Anspruch nehmen, das heißt ein einfaches Benutzungsrecht erwerben, was das Ausmaß der Vergütung erheblich verringert. Dabei bleibt aber das Recht auf Erwerb von Schutzrechten darauf und die Vergabe von Lizenzen beim Dienstnehmer. Daher nimmt der Dienstgeber in der Regel die Erfindung zur Gänze in Anspruch.

Nimmt der Dienstgeber die Erfindung nicht in Anspruch (auch durch Nicht-Reaktion auf die Meldung), so gehört sie dem Erfinder, sie wird zur so genannten **»freien Erfindung«**. Der Erfinder kann dann – innerhalb der Grenzen, die aufgrund des besonderen Vertrauensverhältnisses zwischen dem Dienstnehmer und seinem Unternehmen bestehen – die Erfindung frei verwerten.

8.3.1 Wann ist die Vergütung zu zahlen?

Die Vergütung ist prinzipiell mit der Benutzung fällig, unabhängig davon, ob bereits Schutzrechte auf die Erfindung erteilt sind oder nicht. Allerdings ist die »Patentfähigkeit« ein wesentliches Kriterium. Ist diese nicht gegeben, so sind auch keine Vergütungen zu zahlen. Stellt sich das erst später heraus, so können bereits geleistete Zahlungen allerdings nicht mehr zurückverlangt werden. Deshalb akzeptiert die deutsche Lehre vor Patenterteilung einen Risiko-Abschlag.

Die Vergütung kann in einem einmaligen Pauschalbetrag bestehen oder in einer sich am jährlichen Umsatz orientierenden laufenden Zahlung. Der Pauschalbetrag orientiert sich an der Umsatzerwartung über einen gewissen Zeitraum. Um die Gleichwertigkeit mit einer laufenden Zahlung herzustellen, ist in diesem Falle der Dienstnehmer berechtigt, eine nachträgliche Erhöhung zu verlangen, wenn der tatsächliche Umsatz diese Erwartung wesentlich übersteigt (höchstens einmal jährlich).

Um die Angemessenheit der Vergütung beurteilen bzw. überprüfen zu können, ist der Dienstnehmer auch berechtigt, Rechnungslegung (gleich wie in Kapitel 6) über den Umsatz mit seiner Erfindung vom Dienstgeber zu verlangen.

8.3.2 Was ist eine angemessene Vergütung?

Für die Berechnung dieser angemessenen Vergütung bei Inanspruchnahme der Erfindung durch den Dienstgeber sind mehrere Parameter wesentlich. Nach dem österreichischen Patentgesetz sind dies vor allem die **Bedeutung der Erfindung** für das Unternehmen, **die Stellung des Dienstnehmererfinders** im Unternehmen und der **Anteil, den das Unternehmen** am Zustandekommen der Erfindung gehabt hat. In Deutschland gibt es aufgrund eines eigenen Gesetzes über Arbeitnehmererfindungen und Richtlinien dazu genaue Berechnungsformeln.

Ganz allgemein besteht Übereinstimmung, dass sich die Vergütung V aus dem Wert der Erfindung W und dem Reduktor R (in Deutschland Anteilsfaktor A genannt) ergibt:

$$V = W \times R \text{ (oder A).}$$

Im Wert der Erfindung (W) wird der Parameter der Bedeutung der Erfindung für das Unternehmen erfasst. Daraus geht zunächst hervor, dass der Wert einer Erfindung für verschiedene Unternehmen verschieden sein kann. Es werden zum Beispiel die Einnahmen, welche durch die Erfindung ermöglicht werden, oder die (finanzielle) Ersparnis, die die Erfindung für ein bestimmtes Produkt bringt, gemessen. Diese Ersparnis wird bei einem kleinen Unternehmen, das geringere Stückzahlen produziert, kleiner sein als bei einem großen. Wegen des niedrigeren Gewinnes daraus kann aber auch ein kleineres Unternehmen nur weniger zahlen als ein großes. Diese Vergütungszahlungen sind insoweit der Leistungsfähigkeit des Unternehmens des Dienstgebers angepasst. Verdient der Dienstgeber aber an der Erfindung zusätzlich etwa durch Ersatzteillieferungen oder Produktion im Ausland oder durch Vergabe von Lizenzen, so müssen auch diese Einnahmen zusätzlich berücksichtigt werden. Es sind daher zu den Einnahmen nicht nur die Gewinne mit dem erfindungsgemäßen Produkt oder Verfahren zu zählen, sondern auch Einnahmen aus Geschäften mit dem Schutzrecht selbst, zum Beispiel durch Lizenzen oder durch Verkauf des Schutzrechtes.

Der Wert der Erfindung wird an sich gleich berechnet oder vielmehr abgeschätzt, wie dies allgemein in Kapitel 7.5 dargestellt wurde. Allerdings ist zu berücksichtigen, dass es sich hier um eine neue Erfindung handelt, die erst gerade am Markt eingeführt wurde, zu der also oft noch keine aktuellen Verkaufs- oder Lizenzziffern vorliegen.

Daher ist die am häufigsten angewendete Methode jene der Lizenzanalogie. »Analogie« deshalb, weil meist keine Lizenzverträge betreffend die bestimmte Diensterfindung vorliegen. Es wird daher so getan, als würde für dieselbe Erfindung am freien Markt von einem fremden Dritten eine Lizenz genommen.

Dabei zieht man die konkrete Lizenzanalogie heran, wenn ein konkreter abgeschlossener Lizenzvertrag auf dem speziellen Gebiet zum Vergleich herangezogen wird. Ist ein solcher nicht bekannt, wird mit der abstrakten Lizenzanalogie gearbeitet, bei der auf dem oder einem verwandten Gebiet allgemein übliche Lizenzsätze zum Vergleich herangezogen werden. Diese können sich aus Erfahrungswerten oder aus der Rechtsprechung ergeben. Allerdings sind nicht nur diese Lizenzgebühren, sondern auch die anderen Vereinbarungen in solchen Lizenzverträgen in Form von Erhöhungen oder Verringerungen zu berücksichtigen.

Der Wert (W) der Erfindung ergibt sich dann als Produkt vom einschlägigen Umsatz (U) und diesem Lizenzsatz (L):

$$W = U \times L,$$

woraus sich die Vergütung nach der Formel:

$$V = U \times L \times R$$

errechnet.

Man darf aber in der Regel (außer die Erfindung bezieht sich auf ein ganzes Produkt, wie zum Beispiel bei Arzneimitteln) nicht den Gesamtumsatz heranziehen, sondern nur den des einschlägigen Teiles. Dieser besteht im Allgemeinen in jenem Teil des Gesamtumsatzes, der sich für den kleinsten selbständigen Teil errechnet, in dem die Erfindung verwirklicht ist. Allerdings darf man auch nicht so weit gehen, dass nur mehr die Materialkosten jener Teile, die man für die Verwirklichung der Erfindung braucht, in Ansatz bringt, weil sich die Erfindung in der Regel bei ihrem Einsatz auch auf benachbarte Teile auswirkt. Der Ansatz betreffend den kleinsten selbständigen Bauteil ist meist der richtige. Ist eine Feststellung des Umsatzes daran nicht möglich, wird ein geschätzter Prozentsatz vom Gesamtumsatz veranschlagt, der sich aus dem Verhältnis zu den anderen Teilen des Gesamtproduktes ergibt.

Die anderen im Gesetz angeführten Parameter ergeben die Reduktion durch den Reduktor (Anteilsfaktor), sodass dem Diensterfinder nur ein gewisser Prozentsatz des Wertes der Erfindung als Vergütung ausbezahlt wird.

Bei der Stellung des Dienstnehmers im Unternehmen ist zu berücksichtigen, ob vom Dienstnehmer aufgrund seiner Position angenommen werden kann, dass er sich bei der technischen Weiterentwicklung im Unternehmen engagiert. Beispielsweise wäre die angemessene Vergütung für ein und dieselbe Erfindung bei einem Hilfsarbeiter wesentlich hoher anzusetzen als bei einem Forscher, insbesondere, weil bei letzterem ohnehin mit solchen Erfindungen gerechnet wird, er möglicherweise eigens zur Erfindertätigkeit angestellt ist und dafür auch bereits ein weit über dem Kollektivvertrag angesetztes Einkommen hat. In solch besonderen Fällen kann die Vergütung dann (in Österreich oder in der Schweiz) auch Null betragen bzw. R sehr klein sein.

Die Vergütung ist auch umso höher, je selbständiger die Erfindung **105** gemacht worden ist, also je weniger die Aufgabenstellung oder die Anregung direkt vom Unternehmen kam bzw. je weniger Hilfsmittel das Unternehmen zur Verfügung gestellt hat. Daraus erkennt man, dass es sich bei dem »Anteil des Unternehmens« eigentlich um zwei selbständig zu bewertende Parameter handelt, nämlich um Aufgabenstellung und Lösungsvorschläge durch das Unternehmen einerseits und die tatsächliche (materielle und geistige) Hilfestellung, die das Unternehmen zur Entwicklung der Erfindung geboten hat.

Der Reduktor (Anteilsfaktor) ergibt bei sachgerechter Berechnung häufig im Schnitt einen Wert zwischen 10 % und 20 %. Allerdings kommen Abweichungen nach unten (4 % oder 5 % oder 7 %) oder nach oben (auch 25 % oder 32 %) nicht so selten vor.

Haben mehrere Dienstnehmer gemeinsam die Erfindung gemacht, so ist die Vergütung nach Prozenten ihrer Beteiligung aufzuteilen, also nach der Formel:

$$V = U \times L \times R \times \text{Beteiligungsprozentsatz.}$$

Dabei ist selbst bei gleichem Prozentsatz die Vergütungssumme nicht unbedingt immer gleich hoch, da der Reduktor R für jeden Dienstnehmer andere Werte ergeben kann, etwa weil die Position im Betrieb eine andere ist.

Beschränkend auf die Vergütung wirkt auch, wenn in der gleichen Einrichtung, auf die sich der Umsatz bezieht, eine Mehrzahl von Erfindungen verwendet werden. Dann gibt es natürlich eine wirtschaftliche Höchstbelastung der Einrichtung mit einem Lizenzsatz. Die einzelnen benutzten Patente (auch fremde lizensierte) und Dienstnehmererfindungen können nur zusammen die Höchstbelastung ergeben. Auf die einzelne Erfindung entfällt dann eben nur ein Bruchteil. Sonst könnte der Fall eintreten, dass die einzeln berechneten Vergütungen für eine Vielzahl angewendeter Diensterfindungen den Gewinn oder gar den Gesamtumsatz übersteigen, was zur völligen Unwirtschaftlichkeit der Produktion führt, wovon keiner profitieren kann.

8.3.3 Wie sind Diensterfindungen im Betrieb zu behandeln?

Die rechtlich korrekte Behandlung von Dienstnehmererfindern im Betrieb ist äußerst wichtig, um spätere Auseinandersetzungen um die Rechte an einer Erfindung oder um Zahlungen von Vergütungen zu vermeiden.

Dazu ist es wichtig, sowohl den Ablauf der ordentlichen Erfindungsmeldung und Inanspruchnahme der Erfindung durch das Unternehmen als auch die korrekte Vergütung für die Zwecke des jeweiligen Unternehmens optimal abzustimmen und rechtlich abzusichern. Bei größeren Unternehmen mit eigener Patentabteilung liegt dies im Aufgabenbereich der Patentabteilung, für kleinere Betriebe empfiehlt sich die Erarbeitung dieser Formalitäten unter Beratung eines Patentanwaltes oder eines Rechtsanwaltes mit einschlägigen Kenntnissen.

Die dazugehörigen Details sind in Deutschland, Österreich und in der Schweiz sehr verschieden und vor allem in Österreich und Deutschland sehr heikel. So ist zum Beispiel in **Deutschland** für die Erfindermeldung Schriftform vorgeschrieben, und es ist bei der vollen Inanspruchnahme der Erfindung durch den Dienstgeber auch notwendig, diese zur Erteilung eines Schutzrechtes im In- und Ausland anzumelden. Für diejenigen ausländischen Staaten, in denen der Dienstgeber keinen Schutz erwirken will, muss er dem Arbeitnehmer die Erfindung freigeben, welcher dann seinerseits die Erfindung dort anmelden kann.

In **Österreich** ist es notwendig, dass ein schriftlicher Vertrag zwischen Dienstnehmer und Dienstgeber (etwa Bestimmungen im Dienstvertrag oder im Kollektivvertrag) existiert, nach dem Dienstnehmererfindungen dem Dienstgeber gehören sollen. Existiert ein solcher Vertrag nicht, gehören die Erfindungen automatisch dem Dienstnehmer. Auch kann in Österreich der Dienstgeber im Prinzip mit der Erfindung machen, was er will, er braucht nicht unbedingt ein Schutzrecht für die Erfindung anzumelden.

In der **Schweiz** gehören Erfindungen, die der Dienstnehmer bei Ausübung seiner dienstlichen Tätigkeit und in Erfüllung seiner vertraglichen Verpflichtung gemacht hat, dem Dienstgeber, ohne dass es dafür einer besonderen Absprache oder eines Vertrages bedarf. Nur Erfindungen, die zwar in Ausübung seiner dienstlichen Tätigkeit geschaffen werden, nicht jedoch in deren unmittelbarer Erfüllung, gehören prinzipiell dem Dienstnehmer, wobei sich aber der Dienstgeber vorher vertraglich durch schriftliche Vereinbarung den Erwerb auch solcher Erfindungen sichern kann.

8.3.4 Erfindungen von Dienstnehmern im öffentlichen Dienst

Wenn das Dienstrechtsverhältnis ein öffentlich-rechtliches ist, gehört eine Diensterfindung auch ohne Vertrag dem Dienstgeber, in der Regel dem **107**

Staat. Auch hier sind Meldung, Inanspruchnahme und Vergütung theoretisch analog zu behandeln wie bei privatrechtlichen Erfindungen. Eine Ausnahme bilden hierbei die Erfindungen von Hochschullehrern oder Hochschulassistenten.

8.3.5 Wem gehören die Rechte an Universitätserfindungen?

Universitäten gehören zweifellos zu den herausragendsten Forschungseinrichtungen, die ein Staat besitzt (abgesehen von militärischen Forschungszentren). Auch fließen beträchtliche Mittel von der öffentlichen Hand in die universitäre Forschung. Jedoch ist die Freiheit der Forschung verfassungsrechtliches Grundprinzip, welches natürlich durch die Handhabung der Dienstnehmererfindungspraxis erheblich eingeschränkt werden könnte (etwa durch die Notwendigkeit von Erfindungsmeldungen, durch die Zeitspanne bis zur möglichen Inanspruchnahme der Erfindung, durch die Geheimhaltungsverpflichtung des Dienstnehmers usw.).

In **Deutschland** sind die Erfindungen von (staatlichen) Hochschullehrern und Hochschulassistenten daher gesetzlich als freie Erfindungen ausbedungen. Die Hochschule selbst hat in Sonderfällen jedoch eventuell Anspruch auf einen Teil der Einkünfte daraus. Private Forschungseinrichtungen wie die Max-Planck- oder die Fraunhofer-Institute haben eigene Regelungen für ihre Forscher.

In **Österreich** ist das Erfinderrecht von Hochschullehrern im öffentlich-rechtlichen Dienstverhältnis nicht besonders geregelt. Es existieren widersprüchliche rechtliche Ansichten, ob solche Erfindungen freie Erfindungen sind oder nicht. Das Patentgesetz kennt keine diesbezügliche Ausnahme und behandelt daher Hochschulerfindungen wie andere Erfindungen von Beamten. Daher sollte in Österreich für jede angemeldete Erfindung von öffentlich-rechtlichen Bediensteten, etwa Universitätsprofessoren, um Freigabe beim Bundesministerium für Wissenschaft angesucht werden, welche regelmäßig gewährt wird. Für Hochschullehrer in andersartigen Dienstverhältnissen gilt das im Dienstvertrag Ausbedungene. Ist dort nichts vorgesehen (was normal ist), gehören deren Erfindungen ihnen selbst. Arbeiten mehrere an einem gemeinsamen Forschungsprojekt, so sind Absprachen über die gemeinsame Verwertung daraus entstehender Erfindungen zweckmäßig. Werden dabei auch Studenten, Doktoranden, Post Doktoranden etc. eingesetzt, ist mit diesen zweckmäßigerweise vor

Aufnahme ihrer Tätigkeit ein Vertrag auf Übertragung ihrer Erfindungen und Urheberrechte etwa auf das Institut abzuschließen.

Auch in der **Schweiz** ist die Frage der Universitätserfindungen nicht eindeutig geregelt, jedoch werden die betreffenden Bestimmungen von den meisten Experten dahingehend interpretiert, dass Erfindungen von Hochschullehrern oder Hochschulassistenten prinzipiell den Erfindern gehören sollen. Jedoch sind im Einzelfall das Dienstrecht und andere vertragliche Vereinbarungen zu prüfen.

8.3.5.1 Projekte von Universitäten mit Firmen

Werden allerdings Universitätserfindungen im Zuge von Auftragsarbeiten für Firmen durchgeführt, so sind in der Regel die Unternehmen nur dann bereit, ein solches Projekt zu finanzieren, wenn die Rechte an den aus diesem Projekt resultierenden Erfindungen dem Unternehmen zukommen. Dies wird meist im Zuge des Zusammenarbeitsvertrags geregelt.

Hier müssen aber Verzögerungen bei der Veröffentlichung von Forschungsergebnissen aufgrund der notwendigen Evaluierung durch das Unternehmen in Kauf genommen werden.

Wichtig ist dabei, dass der universitäre Vertragspartner (zum Beispiel das teilrechtsfähige Institut) auch tatsächlich alle Erfinderrechte auf sich vereint, um diese dann weitergeben zu können. Dies kann nur durch vorherige vertragliche Bindung aller beteiligten Forscher und Mitarbeiter geschehen.

8.4.   Steuervergünstigungen in Österreich

8.4.1   Diensterfindungen

Nach § 67 (7) Einkommenssteuergesetz sind Vergütungen an Arbeitnehmer für Diensterfindungen nur mit dem festen Steuersatz von 6 % zu versteuern. Dies jedoch nur insoweit, als der ausbezahlte Betrag innerhalb eines Sechstels der jährlichen laufenden Bezüge liegt. Es handelt sich dabei um ein zusätzliches Sechstel, nicht um jenes, in das bereits das 13. und 14. Monatsgehält fällt.

Da über dieses Sechstel hinausgehende Beträge der normalen Lohnsteuer unterliegen, wird bei Einmalvergütungen meist vereinbart, diese auf

109

mehrere Jahre aufzuteilen. Dies bedeutet für den Dienstgeber eine willkommene Zahlungserleichterung und für den Dienstnehmer eine ebenso willkommene völlig korrekte Steuerersparnis.

8.4.2 Freie Erfindungen

Das Einkommenssteuergesetz enthält auch zur Förderung der Innovation in § 38 Sonderbestimmungen zur Verwertung von Patentrechten. Es offeriert hierfür die Ermäßigung des Durchschnittssteuersatzes des Erfinders auf die Hälfte. Jeder freie Erfinder ist also gut beraten, die Erfindung durch Dritte ausüben zu lassen – und wenn es das eigene Unternehmen (GmbH oder AG) ist. Dies gilt natürlich auch für Dienstnehmer, für die die Erfindung keine Diensterfindung ist, weil etwa im Dienstvertrag keine Regelung enthalten ist oder weil er Geschäftsführer der GmbH ist. Nicht nur Lizenzeinnahmen, sondern auch Zahlungen für den Verkauf der Erfindung fallen unter die Vergünstigung.

Allerdings ist zu beachten, dass diese Vergünstigung nur dem Erfinder selbst zusteht und auch nur dann, wenn im Zeitraum der Zahlung aufrechter Patentschutz besteht. Es ist daher für den Erfinder – wenn die Erfindung gleich von einem Dritten, auch der eigenen Firma, angemeldet wird – zweckmäßig, als Erfinder genannt zu werden, worauf er auch Anspruch hat. Es ist ferner zweckmäßig, in den jeweiligen Kauf- oder Lizenzverträgen vorzusehen, dass die (Haupt-)Zahlungen erst nach Patenterteilung in oder für Österreich fließen. Wird die Erfindung für ein anderes Land verkauft oder lizenziert, dann nach Patenterteilung dort oder für dort. Für die Steuerbegünstigung der Verwertung im Ausland reicht aber auch die Patenterteilung in oder für Österreich.

Gottlieb Daimlers und
Carl Benz' Automobil

*Den Bürgern von Cannstatt (Deutschland) war der neue Villenbe-
sitzer in der Taubenheimstraße Nr. 13 gar nicht geheuer. Er sei eine
Art von Ingenieur oder Mechaniker, hieß es, doch nahm er keine
Aufträge an. Aus seinem Gartenhäuschen hörte man es bis in die
Nacht hinein klopfen, feilen und hämmern. Ein zweiter Mann sei
auch dabei, aus dem man jedoch ebenfalls nichts Genaues heraus-
bekomme. Irgendetwas Illegales ging dort vor sich, war man sich
sicher. Als das Gerücht auftauchte, dass da Falschmünzer am Werk
seien, musste die Polizei einschreiten. Als bei Nacht wieder einmal
Licht im Gartenhäuschen zu sehen war, wollte man die Fälscher auf
frischer Tat ertappen. Als die Polizisten mit gezückter Waffe in die*

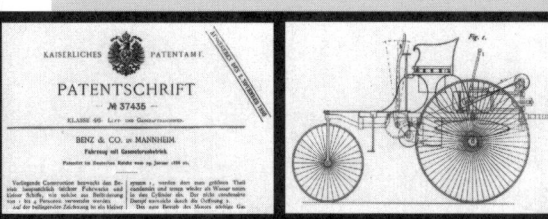

*zu einer Werkstatt umfunktionierten Gartenhausräumlichkeiten
eindrangen und »Hände hoch!« schrien, ließen die beiden »Falschmünzer« erschrocken ihr Werkzeug fallen. Gottlieb Daimler
(1834–1900), der Villenbesitzer, und sein Gehilfe Wilhelm Maybach (1846–1929) arbeiteten jedoch, wie sie gleich aufklären konnten, nicht an Prägestöcken für Blüten, sondern an einem völlig
neuen Fortbewegungsapparat, der auf der Verbrennungsmotor-Ent-
wicklung des deutschen Konstrukteurs Nikolaus August Otto
(1832–1891; DE-Patent Nr. 532) aufbaute.
Daimler und Maybach, die 1882 Ottos Firma im Streit verlassen
hatten, hatten es geschafft, den Ottomotor entscheidend zu verbessern. Auch benutzten sie statt des bisher als Treibstoff verwendeten*

Leuchtgases einen neuen Treibstoff: Benzin, das Abfallprodukt des Petroleums. Neu an Daimlers Motor (DE-Patent Nr. 34.926) war auch, dass das Verbrennungsgemisch nicht jedes Mal neu gezündet werden musste, sondern sich während des Betriebes an den heißen Zylinderwänden selbst entzündete.

Die neugewonnene Kraft nutzte Daimler zunächst für die Erfindung eines Motorrades. Er wollte ein Fahrzeug für den kleinen Mann schaffen. Nachdem die Probleme bei der Kraftübertragung gelöst waren, drehte er am 10. November 1885 seine ersten größeren Runden mit dem Zweirad. Die drei Kilometer lange Strecke von Cannstatt nach Türkheim bewältigte der älteste Sohn des Erfinders, Paul Daimler, ohne Pause und ohne Panne in einer guten Viertelstunde. Dann beschloss Daimler, auch Kutschen mit seinem Motor anzutreiben. Dafür bestellte er eine Luxuskutsche beim Königlich-Württembergischen Hoflieferanten und baute seinen Motor als Antrieb in diese Kutsche ein.

Am 10. November 1886, also ein Jahr nach der erfolgreichen Motorradausfahrt, lud Gottlieb Daimler seine Frau Emma zur ersten Fahrt mit dem neuen Automobil ein. Elegant gekleidet stiegen beide in die pferdelose Kutsche ein und fuhren von Cannstatt nach Esslingen mit 18 Kilometern in der Stunde.

Ungefähr um dieselbe Zeit hatte der Mannheimer Ingenieur Carl Benz (1844–1929) ebenfalls eine Motorkutsche erfunden, allerdings ausgerüstet mit einem neuartigen Zweitaktmotor. Da das dreirädrige Auto von Benz noch keinen Tank, sondern nur einen Oberflächenvergaser mit eineinhalb Litern Fassungsvermögen hatte, musste Carl Benz' ältester Sohn Eugen immer mit einer Benzinflasche als Treibstoffversorger hinter dem Vater herlaufen, damit rechtzeitig nachgefüllt werden konnte.

Daimler und Benz mussten ihren Treibstoff in den Apotheken und Drogerien kaufen, denn Benzin wurde damals nur in der Gummiindustrie oder im Haushalt als Lösungs- und Reinigungsmittel verwendet. Mit dem Aufkommen der Automobilindustrie wurde jedoch dieses Nebenerzeugnis in kürzester Zeit zum Haupterzeugnis für die Erdölindustrie.

Sowohl Daimler (z. B. DE-Patente Nr. 34.926 und 28.243) als auch Benz (z. B. DE-Patent Nr. 37.435) sicherten ihre Entwicklungen mit Patenten ab, die jedoch teilweise von Ottos Grundlagenpatent abhängig waren, wie auch in Patentprozessen festgestellt wurde. Sowohl Daimler als auch Benz gründeten Autofabriken, welche in der wichtigen Anfangszeit maßgeblich von ihren Patenten bzw. von den erteilten Lizenzen profitierten und so zu den führenden europäischen Firmen auf diesem Gebiet wurden. 1926 vereinigten sich schließlich die »Benz-Werke« mit der »Daimler-Motor-Gesellschaft« zur »Daimler-Benz AG«, deren technischer Direktor Ferdinand Porsche hieß.

9 Die Anmeldung eines Patents oder Gebrauchsmusters

9.1 Das Anmeldedatum

Das Anmelden eines Patents oder Gebrauchsmusters geschieht durch Einreichen beim Patentamt. Dies kann entweder durch Post- oder andere Botendienste geschehen oder durch persönliche Übergabe erfolgen, wobei die meisten Patentämter außerhalb der Dienststunden einen Kasten zum Einwerfen der Briefumschläge mit den Einreichungsunterlagen haben. Da das Datum des Einlangens beim Patentamt (das Anmeldedatum) besonders wichtig ist, wird in diesem Einlaufkasten um 24.00 Uhr/ 0.00 Uhr eine Zeitumschaltung vorgesehen, sodass die nach 24.00 Uhr eingereichten Unterlagen das Datum des nächsten Tages als Anmeldedatum erhalten. Meist ist auch die Einreichung per Telefax möglich. In Österreich und Deutschland ist für das Anmeldedatum der Zeitpunkt des Einlangens beim Patentamt maßgeblich, in der Schweiz auch das Datum der Aufgabe bei einem Postamt im Inland.

Der Tag der Anmeldung (Anmeldetag) ist für jede Schutzrechtsanmeldung ein sehr bedeutsames Datum, weil es für den Zeitrang der Erfindung ausschlaggebend ist. In praktisch allen Staaten (außer den USA und den Philippinen) gilt nämlich das so genannte Anmelderprinzip (»first to file«-System; im Gegensatz zum »first to invent«-System in den USA) – siehe Kapitel 15.1. Dies bedeutet, dass – wenn zwei Erfinder dieselbe Erfindung gemacht haben – nur derjenige ein Patent auf die Erfindung erhält, der die Erfindung früher beim Patentamt anmeldet, selbst wenn der spätere Anmelder in Wirklichkeit die Erfindung früher als der Erstanmelder gemacht hat. Dies mag zwar auf den ersten Blick etwas ungerecht erscheinen, es ist jedoch sicherlich die praktischere Lösung. In den USA wird demjenigen das Erfindungsrecht zugesprochen, welcher die Erfindung zuerst gemacht hat, unabhängig davon, ob er auch früher angemeldet hat. Wenn dies strittig ist, wird diese Frage in einem sehr aufwendigen Verfahren erörtert, dem so genannten »Interference«-Verfahren.

Beim Anmelderprinzip ist ein solches »Interference«-Verfahren nicht notwendig. Als Ausgleich für denjenigen, der eine Erfindung unabhängig vom Erstanmelder und vor dessen Anmeldetag fertig gestellt und eine industrielle Verwertung der Erfindung in Angriff genommen hat, wird aber diesem Zweit- oder auch Nicht-Anmelder ein Vorbenutzerrecht eingeräumt (siehe Kapitel 5).

9.2 Was muss eingereicht werden?

▶ Die Patent- bzw. Gebrauchsmusteranmeldung (Beschreibung, Ansprüche, eine Zusammenfassung und gegebenenfalls Zeichnungen umfassend),

▶ ein Antrag, woraus sich der Name des Anmelders und sein Wille, eine Patent- bzw. Gebrauchsmusteranmeldung zu erhalten, sowie der Titel der Erfindung ergibt, und

▶ gegebenenfalls weitere Unterlagen, wie sie das jeweilige nationale Patentgesetz vorschreibt (siehe Tabelle).

Mit der Anmeldung ist auch eine Anmeldegebühr zu entrichten, welche aber unter Umständen oft auch später, dann jedoch meist mit Zuschlag eingezahlt werden kann. In Österreich ist es aus fiskalischen Gründen erforderlich, Stempelmarken auf den Eingaben anzubringen (vgl. Tabelle). Es bestehen bei jedem Patentamt auch sehr genaue Regeln, in welcher Stückzahl die Eingaben einzureichen sind und welchen Formvorschriften sie zu genügen haben.

9.2.1 Erfindernennung

Dem Erfinder wird in den meisten Patentgesetzen das Recht eingeräumt, genannt zu werden, daher ist die Einreichung einer **Erfindernennung** meist obligat (zum Beispiel in Deutschland, in der Schweiz oder beim Europäischen Patentamt). In Österreich muss eine Erfindernennung nicht unbedingt eingereicht werden; sollte aber der Erfinder darauf bestehen, so muss der Anmelder diesem Wunsch entsprechen.

9.2.2 Prioritätserklärung und Prioritätsbeleg

Wenn bei der Anmeldung eines Schutzrechtes die Priorität einer früheren Anmeldung (meist im Ausland) in Anspruch genommen werden soll, so ist eine Prioritätserklärung abzugeben, die aus dem Datum der Einreichung der prioritätsbegründenden Anmeldung und der Angabe des Staates, wo diese Einreichung vollzogen worden ist, besteht. Auch die Anmeldenummer der Prioritätsanmeldung muss angegeben werden. In manchen Ländern muss zwingend auch eine Abschrift der Prioritätsanmeldung eingereicht werden (bzw. eine Übersetzung davon). In Österreich muss der Prioritätsbeleg nur dann eingereicht werden, wenn ein während des Prüfungsverfahrens zwischen Prioritätstag und Anmeldetag veröffentlichter wesentlicher Stand der Technik eruiert werden konnte und es daher darauf ankommt, ob und in welchem Umfang das Prioritätsrecht wirksam in Anspruch genommen werden kann. Das Österreichische Patentamt fordert den Anmelder dann zur Vorlag des Prioritätsbeleges bzw. einer Übersetzung desselben auf.

Die Anmeldung

Welche Unterlagen sind einzureichen? (Minimalerfordernisse)

AT:
▸ Angaben, die zur eindeutigen Identifikation des Anmelders ausreichen
▸ Beschreibung (gegebenenfalls mit Zeichnungen)
▸ Patentansprüche*
▸ Zusammenfassung (maximal 150 Wörter)*
▸ Antrag auf Patenterteilung*
▸ gegebenenfalls Prioritätserklärung*
▸ gegebenenfalls Erfindernennung (nicht verpflichtend)*

DE:
▸ Angaben, die zur eindeutigen Identifikation des Anmelders ausreichen
▸ Beschreibung (gegebenenfalls mit Zeichnungen)
▸ Patentansprüche
▸ Erfindernennung*
▸ Zusammenfassung (maximal 150 Wörter)*
▸ Antrag auf Patenterteilung*
▸ gegebenenfalls Prioritätserklärung mit einer einfachen Kopie der Erstanmeldung*

* Kann nachgereicht werden

CH:

▸ Angaben, die zur eindeutigen Identifikation des Anmelders ausreichen
▸ Beschreibung (gegebenenfalls mit Zeichnungen) in Deutsch, Französisch oder Italienisch
▸ Patentansprüche
▸ gegebenenfalls Prioritätserklärung (Anmeldetag und Land)
▸ Erfindernennung*
▸ Zusammenfassung (maximal 150 Wörter)*
▸ Antrag auf Patenterteilung*
▸ gegebenenfalls Prioritätsbeleg und Übersetzung*

EPA:

▸ Angaben, die zur eindeutigen Identifikation des Anmelders ausreichen
▸ Antrag auf Erteilung eines europäischen Patents
▸ Beschreibung (gegebenenfalls mit Zeichnungen)
▸ Patentansprüche
▸ Formblatt EPA 1001.6*
▸ Erfindernennung*
▸ Zusammenfassung (maximal 150 Wörter)*
▸ gegebenenfalls Prioritätserklärung mit Prioritätsbeleg und Übersetzung*

PCT:

▸ Angaben, die zur eindeutigen Identifikation des Anmelders ausreichen
▸ Beschreibung (gegebenenfalls mit Zeichnungen)
▸ Antrag
▸ gegebenenfalls Erfindernennung*
▸ Patentansprüche
▸ Zusammenfassung (maximal 150 Wörter)*
▸ gegebenenfalls Prioritätserklärung mit Prioritätsbeleg und Übersetzung*

* Kann nachgereicht werden

Welche Gebühren sind zu zahlen?

AT:
▸ Anmeldegebühr**
▸ Stempelgebühr**

DE:
▸ Anmeldegebühr**

CH:
▸ Anmeldegebühr
▸ Anspruchsgebühr für mehr als 10 Patentansprüche**
▸ eventuell Prüfgebühr**

EPA:
▸ Anmeldegebühr**
▸ Anspruchsgebühr für mehr als 10 Patentansprüche**
▸ Recherchengebühr**

PCT:
▸ Grundgebühr**
▸ Übermittlungsgebühr**
▸ Bestimmungsgebühr pro Land (maximal 11, darüber frei)**
▸ Recherchengebühr**

9.3 Wo kann eingereicht werden?

In erster Linie kann bei den Patentämtern selbst eingereicht werden. Viele Patentämter haben auch Außenstellen (nicht jedoch das Österreichische Patentamt), bei welchen ebenfalls die Anmeldungsunterlagen eingereicht werden können. So ist es zum Beispiel möglich, europäische Patentanmeldungen nicht nur beim Europäischen Patentamt in München, sondern bei allen nationalen Patentämtern des Europäischen Patentübereinkommens einzureichen sowie an den jeweiligen Außenstellen dieser Patentämter.

** kann nachbezahlt werden (unter Umständen mit Zuschlag)   **119**

Formalvorschriften für Anmeldungsunterlagen

		AT
Anzahl der einzureichenden Patente		2
Nur einseitige Beschriftung?		✓
Beschreibung:	Blattformat 29,7 x 21 (A4)	✓
	Mindestrand oben	2 cm
	Mindestrand links	2 cm
	Mindestrand rechts	2 cm
	Mindestrand unten	2 cm
	minimaler Zeilenabstand	»genügend Raum zum Einfügen von Berichtigungen« maximal 40 Z./S.
	minimale Buchstabengröße (für Großbuchstaben)	8 Punkt (0,21 cm)
	Einheiten	–
	Sprache	D (E, F)*
Zeichnungen:	Blattformat 29,7 x 21 (A4)?	✓
	Mindestrand oben	2 cm
	Mindestrand links	2 cm
	Mindestrand rechts	2 cm
	Mindestrand unten	2 cm
	maximal benutzbare Fläche	–
Zusammenfassung:	maximale Wortanzahl	etwa 150

*   Übersetzung in Amtssprache ist nachzureichen
** nur wenn der Anmelder Sitz oder Wohnsitz in einem Staat mit dieser Amtssprache hat (z.B. I, CH)

CH	DE	EP	PCT
3	3	3 2 (AT) 3 (EP)	1 (DE, IB. CH)
✓	✓	✓	✓
✓	✓	✓	✓
2 cm	2 cm	2 cm	2 cm
2,5 cm	2,5 cm	2,5 cm	2,5 cm
2 cm	2 cm	2 cm	2 cm
2 cm	2 cm	2 cm	2 cm
1 1/2 Zeilen	1 1/2 Zeilen	1 1/2 Zeilen	1 1/2 Zeilen
(0,21 cm)	(0,21 cm)	(0,21 cm)	(0,21 cm)
nach dem Bundesgesetz für Metrologie	i.Ü.m.d. Gesetz über Einheiten im Messwesen	SI-Einheiten	metrisches System
D, E, I	D	D, E, F (und I, ES, PT, SE, GR, BE, NL, DK, FI, LE, LU)*/**	AT: D; CH: D, F: DE: D; EP: D, E, F; IB: D, E, F (und CN, JP; ES R)***
✓	✓	✓	✓
–	2,5 cm	2,5 cm	2,5 cm
–	2,5 cm	2,5 cm	2,5 cm
–	1,5 cm	1,5 cm	1,5 cm
–	1 cm	1 cm	1 cm
26,2 x 17	26,2 x 17	26,2 x 17	26,2 x 17
150	150	150	vorzugsweise 50 bis 150

*** wenn die zuständige internationale Recherchenbehörde diese Sprachen akzeptiert (für DE, AT, CH: nur D, E, F

9.4 Sachkundige Vertreter

Die Anmeldung kann vom Erfinder selbst oder seinem Rechtsnachfolger oder durch einen Vertreter eingereicht werden. Als berufsmäßige Parteienvertreter sind – von wenigen Ausnahmen abgesehen – nur Patentanwälte, Rechtsanwälte und (in Österreich) Notare zugelassen.

Patentanwälte sind (in Österreich und Deutschland) rechtlich einschlägig geschulte promovierte Naturwissenschaftler oder Techniker, die ihre Zulassung nach einer langjährigen Ausbildung in einer Patentanwaltskanzlei durch eine bestandene rechtliche Prüfung auf allen einschlägigen Rechtsgebieten erwerben. »Patentanwalt« ist in diesen Ländern ein geschützter Titel. Wer sich ohne Befugnis als Patentanwalt bezeichnet, macht sich daher strafbar.

Rechtsanwälte oder (in Österreich) Notare benötigen wegen ihrer rechtlichen Ausbildung keine gesonderte Zulassungsprüfung, um als berufsmäßige Vertreter vor dem Patentamt einschreiten zu dürfen.

Es gibt auch eine Zulassungsprüfung für Parteienvertreter beim Europäischen Patentamt, wobei die Kenntnisse des EPÜ und des PCT geprüft werden. Eine bestandene Prüfung berechtigt zur Parteienvertretung vor dem Europäischen Patentamt – nicht jedoch in Verfahren vor den nationalen Patentämtern und Gerichten – und zum Tragen der Berufsbezeichnung »Vertreter vor dem Europäischen Patentamt«.

King Camp Gillettes Rasierer

Der Amerikaner King Camp Gillette (1855–1932) ärgerte sich bei jeder Rasur über das gefährliche Hantieren mit dem bis knapp vor der Jahrhundertwende allgemein gebräuchlichen Rasiermesser, das

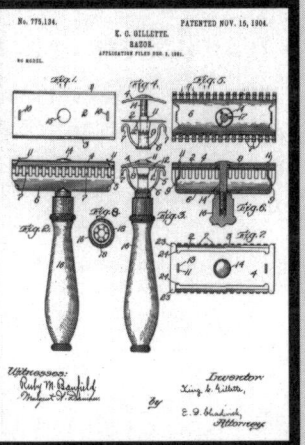

mehr an ein Mordwerkzeug als an ein zur Morgentoilette geeignetes Utensil erinnerte.

Eines Morgens im Jahre 1895 kam ihm der »Geistesblitz«, das scharfe Messer in eine schützende Hülle einzubauen. Er erfand den Sicherheitsrasierer, mit dem er sich nicht mehr schneiden konnte (zumindest nicht in die Finger; US-Patent Nr. 775,134).

Gillette tat sich mit einem weiteren genialen Kopf zusammen, mit William Pointer, dem Erfinder des Flaschendeckels für Bierflaschen, und die beiden brachten 1901 den ersten »Rasierapparat« heraus. Dieses Gerät, das in der Folge den Männerbereich im Badezimmer dominieren sollte, entwickelte sich jedoch nicht auf Anhieb zum Marktrenner. Im ganzen Jahr 1903 wurden nur 51 Rasierapparate mit 168 Rasierklingen verkauft. Erst im Jahre 1904 setzte ein Boom ein – der Rasierer wurde zum Riesengeschäft: der Verkauf von nicht weniger als 90.000 Rasierern und 12.400.000 Klingen brachte Gillettes vorher leere Kassen zum Klingeln. Die Rasiermesser hatten ausgedient. Gillettes Firma, die Gillette Safety Company in Boston, wurde zum Weltmarktführer in diesem Bereich und blieb bis heute an dieser Position.

10 Von der Anmeldung zur Erteilung des Schutzrechtes

10.1 Formalprüfung

Nach der Einreichung einer Schutzrechtsanmeldung werden die eingereichten Unterlagen zunächst vom Patentamt **formal geprüft**, das heißt,
es wird von einem Bediensteten des Patentamtes geprüft, ob alle formalen
Voraussetzungen gegeben sind, beispielsweise ob alle Unterlagen vorhanden sind, ob die notwendigen Unterschriften beigebracht wurden, ob die
Gebühren bezahlt worden sind, ob die Anmeldung überhaupt leserlich ist
usw. Werden Formgebrechen festgestellt, so wird der Anmelder (oder sein
Vertreter) aufgefordert, diese Formalmängel zu beheben.

Werden diese Formfehler nicht behoben oder liegen Formfehler vor, die
gar nicht behoben werden können (zum Beispiel wenn die Unterschrift
des Anmelders oder eine klare Willenserklärung, ein Patent bzw. ein
Gebrauchsmuster zu erlangen, fehlt), gilt die Anmeldung als nicht erfolgt.

In einigen Staaten (zum Beispiel in der Schweiz) wird gleich nach dieser
Formalprüfung auch das jeweilige Schutzrecht erteilt. In diesen Ländern
wird die inhaltliche Beständigkeit der Schutzrechte erst im Zuge eines
eventuellen Verletzungsverfahrens geprüft.

10.2 Recherche

In einigen Ländern (zum Beispiel Frankreich, Europäisches Patentamt,
PCT-Behörde und in Zukunft auch Österreich) oder bei bestimmten
Schutzrechten (zum Beispiel bei Gebrauchsmustern) erfolgt nach der Formalprüfung eine **Recherche des Standes der Technik.** Hierbei wird von
einem Prüfer im Patentamt recherchiert, ob es zur angemeldeten Erfindung einen Stand der Technik gibt, welcher die Erfindung entweder neuheitsschädlich vorwegnimmt oder zumindest diese für den Fachmann
nahe legt. Dieses Rechercheergebnis wird dann dem Anmelder mitge-
teilt, worauf dieser Gelegenheit hat, neue Ansprüche vorzulegen. Die Vorlage neuer Ansprüche ist dann zu empfehlen, wenn tatsächlich relevanter
Stand der Technik in diesem Recherchenbericht genannt wird. **125**

In einigen Ländern (Frankreich, Gebrauchsmuster in Österreich und Deutschland) wird daraufhin das Schutzrecht in der dann gegebenen Textfassung, also entweder mit den ursprünglichen Ansprüchen oder – wenn der Anmelder die Ansprüche geändert hat – mit den geänderten Ansprüchen erteilt.

10.3 Sachprüfung

Bei **Patentanmeldungen** findet aber in der Regel nicht nur eine Formalprüfung und eine Recherche statt, sondern auch eine darauf folgende **Sachprüfung** durch einen fachkundigen Prüfer des Patentamts. Dieser beurteilt dann, ob die beanspruchte Erfindung neu, erfinderisch und gewerblich anwendbar ist, ob die Ansprüche und die Beschreibung der Erfindung zulässig formuliert sind und insbesondere ob die Offenbarung der Erfindung derart ausreichend ist, dass ein Fachmann imstande ist, die Erfindung nachzuarbeiten.

Stellt der Prüfer Mängel fest, so gibt er einen Bescheid heraus, in welchem diese Mängel vorgebracht werden. Der Anmelder erhält daraufhin Gelegenheit, die Mängel durch Gegenargumentation oder durch Änderung der Ansprüche zu entkräften. Gelingt es dem Anmelder nicht, den Prüfer zu überzeugen, so gibt dieser entweder einen weiteren Bescheid heraus oder er weist die Anmeldung zurück. Gegen die Zurückweisung der Anmeldung steht dem Anmelder dann noch eine Beschwerdemöglichkeit zu; er kann vor einer übergeordneten Beschwerdeinstanz, der der Prüfer nicht mehr angehört, den Zurückweisungsbeschluss des Prüfers anfechten. Gegen die Endentscheidung der Beschwerdeinstanz ist zurzeit kein weiteres normales Rechtsmittel zulässig. Die geplante Patentgesetz-Novelle soll aber einen Rechtszug zum Obersten Patent- und Markensenat schaffen.

10.4 Abschluss des Sachprüfungsverfahrens

Wird die Anmeldung vom Prüfer nicht beanstandet oder können die Beanstandungen des Prüfers durch Argumentation oder Anspruchsumformulierungen erfolgreich ausgeräumt werden, so wird das Prüfungsverfahren abgeschlossen. Dieser Abschluss erfolgt mit der Patenterteilung (künftig auch in Österreich) oder aber mit der Bekanntmachung der Anmeldung (zurzeit noch in Österreich). Mit dieser Patenterteilung bzw. Bekanntmachung der Anmeldung ist eine Gebühr zu zahlen, die auch die Kosten für die Drucklegung der Patentschrift deckt. Die Erteilung wird im Patentblatt des jeweiligen Landes veröffentlicht und in das Patentregister eingetragen. Der Patentinhaber erhält eine amtliche Patenturkunde.

10.5 Abzweigung eines Gebrauchsmusters

Eine Besonderheit des deutschen Gebrauchsmusterrechts, die 1999 auch in Österreich eingeführt wurde, ist die Möglichkeit der **Abzweigung** eines Gebrauchsmusters. Da es oft länger dauert, bis ein Patent erteilt wird, der Patentinhaber aber trotzdem gegen allfällige Verletzer vorgehen will (und dies ist nur mit einem rechtskräftig erteilten Schutzrecht möglich bzw. sinnvoll), hat man in Deutschland und Österreich die Möglichkeit der Abzweigung eines Gebrauchsmusters aus einer Patentanmeldung geschaffen. Dadurch ist es möglich geworden, aus einer gültigen und aufrechten Patentanmeldung eine Gebrauchsmusteranmeldung abzuzweigen und darauf umgehend ein Gebrauchsmuster erteilt zu bekommen. Durch die Abzweigung bleibt die Möglichkeit eines Patentschutzes aufrecht, sodass man sowohl die lange Schutzfrist des Patents als auch die schnelle Erteilung des Gebrauchsmusters voll ausnützen kann. Das Instrument der Abzweigung wird vor allem bei Produkten mit kurzen Innovationszyklen benutzt, bei denen es erforderlich ist, möglichst rasch gegen Nachahmer vorzugehen, da bei derartigen Produkten der Markt bis zur allfälligen Erteilung eines Patents längst schon durch die nachgeahmten Produkte »zerstört« sein kann.

10.6 Fristen

Im Laufe des »Lebens« eines Schutzrechtes gibt es viele Fristen, die eingehalten werden müssen. Hier die wichtigsten:

Während des **Prüfungs- bzw. Einspruchs-/Beschwerdeverfahrens** werden, um eine zügige Behandlung der Anmeldung zu gewährleisten, vom Patentamt immer Fristen gesetzt, die zwar gegebenenfalls verlängert werden können, die aber immer genau zu überwachen sind. Bei Versäumung dieser Fristen bzw. nicht rechtzeitiger Verlängerung der Frist gilt die Patentanmeldung als zurückgenommen. Es bestehen zwar beschränkt Rechtsmittel gegen einen solchen Rechtsverlust, diese unterliegen jedoch ebenfalls sehr genauen Regeln und Fristen. Und auch für diese wird ein ausgeklügeltes Fristenüberwachungssystem benötigt.

Eine der wichtigsten Fristen, die überwacht werden muss, ist die **Prioritätsfrist**, also die einjährige Frist, ab der eine prioritätsbegünstigte Nachanmeldung in anderen Staaten unter Inanspruchnahme des Zeitranges einer Erstanmeldung in der Regel im Heimatstaat des Anmelders möglich ist (Genaueres siehe Kapitel 12).

Da für jedes Schutzrecht zur Aufrechterhaltung Gebührenzahlungen notwendig sind, müssen auch diese stets minutiös überwacht werden. Eine Nichtzahlung dieser Gebühren bewirkt den Untergang des Schutzrechtes, wie schon 1826 Josef Ressel, der österreichische Erfinder der Schiffsschraube, schmerzlich feststellen musste, als ihm sein »Privileg« auf die Schiffsschraube wegen Nichtzahlung dieser Gebühr abhanden kam.

Für Patente und Gebrauchsmuster müssen diese **Aufrechterhaltungsgebühren** jährlich gezahlt werden, weshalb sie »**Jahresgebühren**« genannt werden.

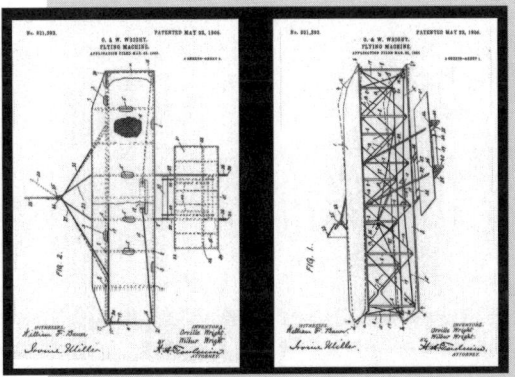

Wilbur und Orville Wrights Motorflieger

Wilbur (1867–1912) und Orville (1871–1948) Wright fingen an, sich fürs Fliegen zu interessieren, als ihnen ihr Vater einen mit einem Gummiband betriebenen Spielzeughubschrauber schenkte. Ihr Interesse an der Fliegerei entzündete sich von Neuem, als sie vom tragischen Tod des Flugpioniers Otto Lilienthal erfuhren.

Die beiden Inhaber einer Fahrradwerkstatt befassten sich in ihrer Freizeit umfassend mit der Geschichte des Baues von Flugmaschinen und analysierten diese früheren Versuche sehr sorgfältig, um eine Erklärung für deren Versagen zu finden. Obwohl sie über keine akademische Ausbildung verfügten, erkannten sie mit großem Scharfsinn, dass die Erhaltung des Gleichgewichts beim Flug das entscheidende Problem war, an dem die bisherigen Erfinder gescheitert waren.

Als sie 1902 ihr drittes Gleitflugzeug bauten, hatten sie die meisten Steuerungs- und Stabilitätsprobleme gelöst. Es galt nunmehr, einen weitaus leichteren Benzinmotor als alle bisherigen zu entwerfen und ebenso einen leistungsfähigen Propeller.

Diese Probleme konnten 1903 bereits gelöst werden, und die Wrights reichten im März dieses Jahres eine Patentanmeldung für eine »Flying Machine« ein, welche in das US-Patent Nr. 821,393 mündete. Die »Flying Machine« war im Dezember 1903 startklar, und »Kitty Hawk«, wie die Wrights diese Maschine nannten, wurde in die sorgfältig ausgewählte Ebene beim gleichnamigen Ort Kitty Hawk in North Carolina gebracht.

Wilbur war Pilot beim ersten Flugversuch am 14. Dezember 1903, der aber scheiterte. Es herrschte fast Windstille, und die Maschine glitt von dem kleinen Hügel viel zu schnell die Startschienen hinunter. Sie sprang nur wenige Meter in die Höhe und landete kurz darauf im Sand, wobei eine Kufe brach. Drei Tage später, nachdem die »Kitty Hawk« repariert worden war, war Orville an der Reihe. Wilbur maß die Geschwindigkeit des Windes: »40 Kilometer in der Stunde.« Orville warf den Motor an und ließ ihn laufen, bis er sich erwärmt hatte. Dann legte er sich links von dem dröhnenden Motor auf die untere Tragfläche aus verstärktem Sperrholz und hob die Hand. Das Halteseil wurde gekappt. Die »Kitty Hawk« erhob sich in die Lüfte und flog zwölf Sekunden lang und 36 Meter weit, worauf sie sicher landete. Am gleichen Tag wurden noch drei weitere Versuche unternommen, Wilbur erreichte dabei die Rekordzeit von 59 Sekunden und flog 260 Meter weit. Wenige Monate später erreichten die Brüder Flugzeiten von mehreren Minuten. Mit einem neuen, verbesserten Apparat legten sie im Jahre 1905 sogar in 38 Minuten und 3 Sekunden 39 Kilometer zurück.

Nach einigen vergeblichen Anfragen der Gebrüder Wright beim US-Kriegsministerium und nach einigen Aufsehen erregenden Auftritten in Europa entschloss sich das Ministerium doch, die Erfindung weiterzuentwickeln und für ihre Zwecke nutzbar machen zu lassen. Die Wright-Company, die daraufhin im November 1909 mit den Patentrechten der Brüder Wright in den USA als Aktiengesellschaft eingetragen wurde, richtete in New York City ein ansehnliches Büro ein. Auch in Deutschland und Frankreich wurden Unternehmen zur Herstellung der Flugzeuge der Gebrüder Wright gegründet.

Die Gebrüder Wright wurden wohlhabende Leute, obwohl ihre Technologie in den Jahren nach 1910 mehr und mehr von neuen Entwicklungen überholt wurde. Sie waren es aber, die das Unmögliche möglich gemacht hatten: den gelenkten und kontrollierten Motorflug, auf dem alle späteren Erfindungen auf diesem Gebiet basieren sollten.

11 Wie kann man sich gegen eine unberechtigte Patenterteilung Dritter wehren?

Wir sind nicht nur selbst Innovatoren, andere sind es auch oder behaupten zumindest, es zu sein. Auch diese erhalten Patente erteilt, die uns blockieren und oft genug die Vermarktung von Produkten oder deren Weiterentwicklung behindern. Wenn deren Erteilung zu Recht erfolgte, dann gehört dies zum Wesen des Patentsystems. In Ländern, die keine Sachprüfung kennen (zum Beispiel die Schweiz oder Frankreich), kommt es jedoch häufiger zur Erteilung nicht rechtsbeständiger Patente. Aber auch trotz aller Bemühungen der Prüfer in prüfenden Patentämtern (wie in Österreich, Deutschland, dem Europäischen Patentamt) werden immer wieder zu Unrecht Patente erteilt, weil die Prüfer oder patentamtlichen Rechercheure nicht wirklich den gesamten Stand der Technik zusammentragen können.

Oft finden sich relevante Informationen in den Patentdokumenten versteckt. Auch stehen ihnen Fachzeitschriften nur beschränkt zur Verfügung. Firmenprospekte, Ausstellungsunterlagen, frühere Vermarktungen ähnlicher Produkte oder Vortragsinhalte können ihnen zumeist nicht bekannt sein. All dies kann aber gegen eine Patenterteilung eingewendet werden, weil dadurch das Patent zu Unrecht die Fachwelt und die Konkurrenten behindert. Um Dritten daher die Möglichkeit zu geben, dagegen einzuschreiten und sich zu wehren, sind in allen Patentsystemen entsprechende Verfahren vorgesehen.

Nach dem Abschluss des Prüfungsverfahrens besteht in vielen Ländern die Möglichkeit des Einspruches oder eines diesem ähnlichen Verfahrens, wie »Reexamination« in den USA, gegen die Erteilung des Patents. Dies ist in der Regel nur innerhalb einer bestimmten Frist möglich, die von Land zu Land verschieden ist (zum Beispiel Deutschland drei Monate, Österreich vier Monate, Europäisches Patentamt neun Monate). Einspruch kann dabei jeder erheben; der Einspruch bietet daher für etwaige Konkurrenten die Möglichkeit, gegen ein Patent, das sie eventuell in ihrer Entwicklung behindern könnte bzw. zu welchem sie selber Patente besitzen oder angemeldet haben, gleich von Anfang an anzukämpfen. Die Einwendungen gegen das Patent müssen in einem Einspruchsschriftsatz vom Einsprechenden konkret formuliert und die nötigen Beweismittel beigebracht werden, aus denen hervorgeht, aus welchen Gründen das Patent versagt werden soll. Diese Gründe sind in den Patentgesetzen aufgelistet und beziehen sich auf die Patentierungsvoraussetzungen wie Neuheit, Erfindungshöhe, Ausnahmebestimmungen etc.

Da auch hierfür sehr detaillierte sachliche und formale Voraussetzungen existieren, ist auch für einen Einspruch die Beiziehung eines sachkundigen Vertreters (Patentanwalt oder Rechtsanwalt) zu empfehlen.

Die Richtigkeit eines Einspruches wird vom jeweils zuständigen Einspruchssenat der Patentbehörde beurteilt. Bei diesen Auseinandersetzungen kommt es auch oft zu mündlichen Verhandlungen, die in der Regel den Abschluss des Verfahrens bilden. Dabei kann der Einspruch zurückgewiesen werden. Dann wird (oder bleibt) das Patent im vollen Umfang erteilt. Wenn dem Einspruch zur Gänze stattgegeben wird, kommt es zum Widerruf des Patents bzw. der Patentanmeldung. Oft erfährt auch das Schutzrecht Beschränkungen. Das Patent wird in diesem Fall teilweise aufrecht erhalten bzw. nur teilweise erteilt. Gegen die Entscheidung des Einspruchssenates steht der unterlegenen Partei die Beschwerdemöglichkeit offen. Um frühzeitig die Fronten zu klären und die eigenen Entscheidungen richtig treffen zu können, sollten daher immer die Patenterteilungen der Konkurrenten bzw. auf dem entsprechenden technischen Gebiet überwacht und gegebenenfalls Einspruch erhoben werden.

Bei **Gebrauchsmustern** ist kein Einspruchsverfahren vorgesehen. Gebrauchsmuster werden in der Regel nach der Formalprüfung ungeprüft erteilt und können von Dritten nur noch im Rahmen einer Nichtigkeitsklage angegriffen werden. Bei diesen ist demnach die Bekämpfung verlagert.

11.1 Nichtigkeit

Nach der Erteilung kann das Patent dann immer noch im Rahmen einer Nichtigkeitsklage angegriffen werden (allerdings drohen dann auch schon Verletzungsklagen). Dies ist jederzeit möglich, sogar noch nach Patentablauf (wenn es um Schadenersatzansprüche aus der Vergangenheit geht). Wie erwähnt (siehe Kapitel 6), sind für Nichtigkeitsklagen oft die nationalen Patentbehörden zuständig (wie in Österreich oder Deutschland), oft wird die Nichtigkeit aber auch von den jeweiligen Gerichten beurteilt (zum Beispiel in Großbritannien, in der Schweiz, in Frankreich oder den USA). Ein solcher Nichtigkeitsantrag muss sich ebenfalls auf konkrete Gründe, warum das Patent nicht erteilt hätte werden dürfen, und die entsprechenden Beweise hiefür stützen.

11.2 Aberkennungs-, Abtretungs- bzw. Vindikationsklage

Wenn ein Schutzrecht einer Person erteilt worden ist, die weder Erfinder noch Rechtsnachfolger des Erfinders ist, der also das Recht auf die Erteilung des Schutzrechtes nicht zustand, so kann der Berechtigte, von dem die Erfindung stammt, dem daher das Recht auf Erteilung des Schutzrechtes zusteht, dieses Recht im Rahmen einer Aberkennungsklage (Österreich), Abtretungsklage (Schweiz) bzw. Vindikationsklage (Deutschland) geltend machen. Reichen seine Beweise aus, wird das Patent ihm zugesprochen. Auch dafür sind teilweise die Patentbehörden, teilweise die Gerichte zuständig.

11.3 Feststellungsklagen

Die Beurteilung, ob ein bestimmter Gegenstand oder ein bestimmtes Verfahren unter ein Schutzrecht fällt, ist oft schwierig. Um für einen drohenden Verletzungsstreit diese Frage im Vorfeld und ohne die aufwendigen Begleiterscheinungen eines Verletzungsprozesses bindend klären zu können, gibt es das Mittel der Feststellungsklage. Im Rahmen einer Feststellungsklage kann ein Schutzrechtsinhaber die Feststellung begehren, dass zum Beispiel ein bestimmtes (Verkaufs-)Produkt oder ein Verfahren unter sein Schutzrecht fällt (= positiver Feststellungsantrag).

Es ist aber auch möglich und sogar in der Praxis viel häufiger, dass jemand die Feststellung begehrt, dass ein bestimmter Gegenstand (zum Beispiel ein Produkt, das auf einem Markt eingeführt werden soll, bei wel-

Patentrechtsverletzungen und mögliche Gegenmaßnahmen

Streitverfahren Patente		Einspruch
AT	Frist	4 Monate ab Bekanntmachung
	Wo?	1. Instanz: Österreichisches Patentamt, Technische Abteilung 2. Instanz: Österreichisches Patentamt, Beschwerdeabteilung
CH	Frist	–
	Wo?	–
DE	Frist	3 Monate ab Patenterteilung
	Wo?	1. Instanz: Deutsches Patentamt, Patentabteilung 2. Instanz: Bundespatentgericht
EP	Frist	9 Monate ab Patenterteilung
	Wo?	1. Instanz: Europäisches Patentamt, Einspruchsabteilung 2. Instanz: Beschwerdeabteilung
PCT		national

Nichtigkeitsklage	Verletzungsklage (zivilgerichtlich)	Feststellungsklage
–	– (aber Verjährung beachten)	–
1. Instanz: Nichtigkeits-abteilung des Patent-amtes 2. Instanz: Oberster Patent- und Marken-senat	1. Instanz: Handels-gericht Wien 2. Instanz: Oberlandes-gericht Wien (3. Instanz: Oberster Gerichtshof)	1. Instanz: Nichtigkeits-abteilung des Patent-amtes 2. Instanz: Oberster Patent- und Marken-senat
–	– (aber Verjährung beachten)	–
1. Instanz: zuständiges Kantonsgericht 2. Instanz: Bundes-gericht	1. Instanz: zuständiges Kantonsgericht 2. Instanz: Bundes-gericht	1. Instanz: zuständiges Kantonsgericht 2. Instanz: Bundes-gericht
–	– (aber Verjährung beachten)	–
1. Instanz: Bundes-patentgericht 2. Instanz: Bundes-gerichtshof	1. Instanz: Landgericht 2. Instanz: Oberlandes-gericht (3. Instanz: Bundes-gerichtshof)	1. Instanz: Landgericht 2. Instanz: Oberlandes-gericht (3. Instanz: Bundes-gerichtshof)
national	national	national
national	national	national

chem unklar ist, ob ein Schutzrecht verletzt wird oder nicht) nicht unter dieses Schutzrecht fällt (= negativer Feststellungsantrag).

In den meisten Ländern werden diese Feststellungsverfahren auf zivilgerichtlichem Weg, also als zweiseitiges Verfahren vor einem Richter ausgetragen. In Österreich aber liegt die Befugnis zur Entscheidung über Feststellungsanträge in Patent- und Gebrauchsmusterangelegenheiten ausschließlich beim Patentamt. Wichtig ist dabei, dass Feststellungsklagen nur das Rechtsverhältnis klären, also die Frage, ob Verletzung eines bestimmten Patents durch ein bestimmtes Produkt oder Verfahren vorliegt oder nicht. Irgendwelche Leistungsbegehren, wie auf Unterlassung oder Schadenersatz, können dabei nicht gestellt werden.

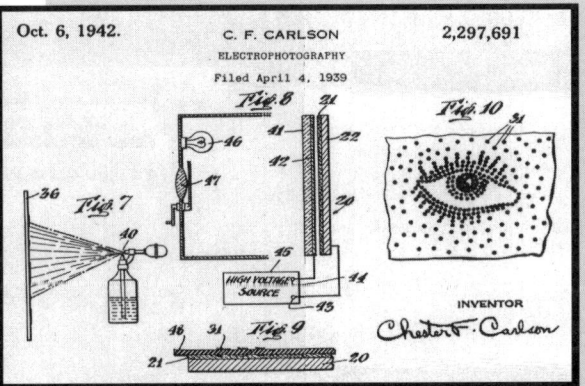

Oct. 6, 1942. C. F. CARLSON 2,297,691
ELECTROPHOTOGRAPHY
Filed April 4, 1939

INVENTOR
Chester F. Carlson

Chester Carlsons Xerografie

Können Sie sich Ihre Büroarbeit ohne Kopierer vorstellen? Nein? Früher aber mussten die Abschriften von Dokumenten, Büchern oder Zeitungen allesamt händisch angefertigt werden; es gab keine geeignete Methode, Kopien von derartigen Dokumenten anzufertigen, außer der sehr aufwendigen und teuren Fotokopie, welche über Zwischenträger auf fotografischen Materialien mit den Arbeitsschritten Belichten, Entwickeln, Fixieren und Wässern angefertigt wurde (»nasses Kopierverfahren«).

Der amerikanische Physiker Chester F. Carlson (1906–1968) arbeitete als Patentanwalt für eine Firma in New York und stöhnte ganz besonders unter dem Mangel an geeigneten Kopierverfahren für die Vervielfältigung seiner Patentspezifikationen und -zeichnungen.

Er fasste den Entschluss, eine geeignete Methode zu erfinden, mit welcher billig, einfach und – vor allem – trocken Kopien von allen möglichen Dokumenten in kürzester Zeit angefertigt werden konnten. Intuitiv richtig wählte er dabei das Phänomen der lichtelektrischen Leitfähigkeit und der Elektrostatik als Grundlage für seine Ideen. Er verwandelte seine Wohnung in ein Versuchslabor für seine

Feierabendexperimente, was von seiner jungen Frau wohl unendlich viel Geduld erforderte – vor allem, weil seine ersten Versuche sich auf Schwefel als »Tonermaterial« konzentrierten, womit das gesamte Mietshaus in den Wohlgeruch von faulen Eiern getaucht wurde.

Da Carlson zwar reich an innovativen Ideen war, aber bei der praktischen Arbeit im Labor eine geradezu jämmerliche Figur abgab, konnte er zwar bereits 1937 eine fertige Patentanmeldung bezüglich des Trockenkopierverfahrens, welches er Xerografie (xeros = griechisch für: trocken) nannte, einreichen, eine praktisch funktionierende Kopiermaschine konnte er jedoch erst einige Jahre später zur Verfügung stellen.

Die erste Xerografie aber wurde bereits im Jahre 1938 von Carlson hergestellt. Dabei wurde das von einer Halogenlampe angestrahlte Vorlagenbild durch eine Anordnung von Spiegeln und Objektiven auf eine vorher elektrostatisch aufgeladene Fläche projiziert, worauf sich die Fläche an den belichteten Bildstellen entlud. Auf den geladenen Bildstellen lagerte sich eine Tonersubstanz ab, welche anschließend durch Wärme und Druck auf das Papier aufgeschmolzen wurde.

Nachdem bereits Verhandlungen mit General Electric, IBM und RCA gescheitert waren, weil diese Firmen an der kommerziellen Durchsetzbarkeit des Xerografieverfahrens zweifelten, kam es 1948 nach langen Verhandlungen zu einer Lizenzvereinbarung mit der Haloid Company, die damit ihren größten Deal machen sollte. Die Xerografie wurde zum Marktrenner. Nach dem Überschreiten der 20-Millionen-Dollar-Umsatzgrenze 1955 stieg der Umsatz von Haloid Xerox, wie sich die Firma nun nannte (später: Xerox Corporation), 1960 auf 47 Millionen Dollar und bis 1975 auf vier Milliarden Dollar. Die Xerox Corporation gehört auch noch heute zu den führenden Unternehmen im Bürobereich.

Carlsons Patente hielten alle, was sie versprachen, und verschafften der Xerox Corporation bis 1975 nahezu ein Monopol. Carlson ver-

diente mit seinen Erfindungen bis zu seinem Tode rund 160 Millionen Dollar.

Der volkswirtschaftliche Nutzen dieser Entwicklung wurde allein für die USA auf rund 250 Millionen Dollar pro Jahr geschätzt. Ohne den Patentschutz auf diese Erfindung wären aber weder die Verträge zwischen Carlson und der Haloid Company zustande gekommen, noch hätte Haloid derart hohe Aufwendungen für die Entwicklung der Xerografie machen können. Es war der Patentschutz für diese Pionier-Erfindung, unter welchem das Serienprodukt hatte reifen können und mit dem ein völlig neuer Industriezweig ins Leben gerufen wurde.

12 Schutzrechte im Ausland

Der Erfinder bzw. sein Rechtsnachfolger hat in seinem Heimatstaat eine Erstanmeldung getätigt. Diese ist im Laufen und es stellt sich nun die Frage, ob und wie das Schutzrecht auf das Ausland ausgedehnt werden kann. Prinzipiell bestehen hierfür – jedenfalls in Europa – mindestens drei Möglichkeiten, welche nachfolgend erläutert werden sollen.

Aufgrund der Pariser Verbandsübereinkunft (PVÜ – siehe Tabelle) akzeptieren die meisten Staaten der Welt das Anmeldedatum der Erstanmeldung als so genanntes Prioritätsdatum, wenn im anderen Staat (der natürlich dem Übereinkommen angehören muss) innerhalb eines Jahres eine (Nach-)Anmeldung erfolgt. Das gilt sowohl für Patente als auch für Gebrauchsmuster und bedeutet, dass man zur Erlangung eines Schutzrechtes mit einheitlichem Anmeldedatum in nahezu allen Staaten der Welt (die PVÜ erstreckt sich heute aufgrund des TRIPs-Abkommen auf alle Mitgliedsstaaten der WTO = World Trade Organization) nicht gleichzeitig mit der nationalen Erstanmeldung in jedem anderen Land eine Anmeldung tätigen muss. Vielmehr hat man ein Jahr Zeit, diese »Nachanmeldungen« sorgfältig vorzubereiten. Bei dieser Vorbereitung der Nachanmeldungen können insbesondere Recherchenergebnisse und Erfahrungen aus dem eigenen nationalen Prüfungsverfahren verwertet werden; so können verschiedene zwischenzeitlich aufgefundene relevante Dokumente, die so genannten Vorhalte, in der Beschreibung angeführt und die Patentansprüche dagegen besser abgegrenzt werden. Dies hat den Vorteil, dass der Prüfer im jeweiligen anderen Land sofort sieht, dass diese Dokumente dem Anmelder bekannt sind und worin die Erfindung demgegenüber besteht. Klarerweise erspart man sich dadurch Ärger, Mühen und Kosten.

Ein weiterer Vorteil dieser einjährigen Frist besteht natürlich auch insofern, als die meisten ausländischen Anmeldungen in den jeweiligen Nationalsprachen getätigt werden müssen. So akzeptiert zum Beispiel das Spanische Patentamt nur Anmeldungen in spanischer Sprache, das Griechische Patentamt nur Anmeldungen in Griechisch usw. Wenn nun eine wirklich weitreichende Anmeldung gewünscht wird, wäre dies mit einem erheblichen Zeitvorlauf an Übersetzungen verbunden, um in allen gewünschten Ländern schlussendlich am selben Tag die Anmeldung einreichen zu können. Durch Inanspruchnahme der Priorität der Erstanmeldung gewinnt man ein Jahr Zeit für derartige Vorbereitungen.

Abgesehen von den nationalen Anmeldungen in den gewünschten Staaten besteht für fast alle europäischen Staaten auch die Möglichkeit des Erwerbs eines so genannten europäischen Patents über das Europäische Patentamt in München auf Basis des Europäischen Patentübereinkommens (EPÜ). Hiermit kann durch eine einzelne Patentanmeldung und ein zentralisiertes Prüfungs- und Erteilungsverfahren ein europäisches Patent erworben werden, welches dann in den einzelnen Vertragsstaaten lediglich durch Einreichung eventuell notwendiger Übersetzungen zu vervollständigen ist. Alle weiteren Verfahren betreffend solche Europapatente sind dann wieder in jedem Land gesondert vorzunehmen (vgl. Kapitel 13).

Vertragsstaaten des Europäischen Patentübereinkommens (siehe auch Tabelle zu Kapitel 13) sind zurzeit Belgien, Deutschland, Dänemark, Finnland, Frankreich, Griechenland, Großbritannien, Irland, Italien, Liechtenstein, Luxemburg, Monaco, Niederlande, Portugal, Schweden, die Schweiz, Spanien, Zypern und Österreich; ein europäisches Patent kann derzeit auch zusätzlich auf Albanien, Lettland, Litauen, Mazedonien, Rumänien und Slowenien erstreckt werden. Jedes zukünftige EU-Mitglied muss Vertragsstaat werden, sodass durch Benutzung dieses EPÜ jedenfalls für alle Mitgliedsstaaten der EU Patente erhältlich sind, wenn auch danach die notwendigen nationalen Schritte noch gesetzt werden müssen. Ein analoges europäisches Gebrauchsmuster gibt es noch nicht.

Die dritte Möglichkeit, in vielen Staaten der Welt einschließlich der europäischen Staaten zu Auslandsschutzrechten zu gelangen, besteht in einer Anmeldung nach dem Patent Corporation Treaty (PCT). Dieser ist, wie das Europäische Patentübereinkommen, ein multinationaler Vertrag. Er bietet für eine Vielzahl von Ländern zumindest ein gemeinsames Anmeldeverfahren. (Mehr über den PCT in Kapitel 14; die Liste der Staaten, für die dieses günstige gebündelte Anmeldeverfahren gilt, finden Sie in der Tabelle zu Kapitel 14.) Nach dem PCT können auch Gebrauchsmuster für mehrere Länder, soferne sie solche erteilen, angemeldet werden.

Mitgliedsstaaten der Pariser Verbandsübereinkunft zum Schutz des gewerblichen Eigentums (PVÜ)

Stand: Juli 2000

Albanien	Elfenbeinküste	Katar
Algerien	Estland	Kenia
Antgua, Barbuda	Finnland	Kirgisien
Argentinien	Frankreich	Kolumbien
Armenien	Gabun	Kongo
Aserbaidschan	Gambia	Kongo, Dem. Rep.
Australien	Georgien	Korea, Dem. Rep.
Ägypten	Gjama	Korea, Republik
Äquatorialguinea	Grenada	Kroatien
Bahamas	Griechenland	Kuba
Bahrain	Großbritannien	Laos
Bangladesh	Guatemala	Lesotho
Barbados	Guayana	Lettland
Belgien	Guinea	Libanon
Belize	Guinea-Bissau	Liberia
Benin	Haiti	Libyen
Bhutan	Honduras	Liechtenstein
Bolivien	Indien	Litauen
Bosnien-Herzegowina	Indonesien	Luxemburg
Botsuana	Irak	Macao
Brasilien	Iran	Madagaskar
Bulgarien	Irland	Malawi
Burkina Faso	Island	Malaysia
Burundi	Israel	Mali
Chile	Italien	Malta
China	Jamaika	Marokko
Costa Rica	Japan	Mauretanien
Deutschland	Jordanien	Mauritius
Dominica	Jugoslawien	Mazedonien
Dominik. Republik	Kambodscha	Mexiko
Dänemark	Kamerun	Moldawien
Ecuador	Kanada	Monaco
El Salvador	Kasachstan	Mongolei

143

Mozambik	Sao Tome, Principe	Trinidad, Tobago
Neuseeland	Schweden	Tschad
Nicaragua	Schweiz	Tschech. Republik
Niederland	Senegal	Tunesien
Niger	Sierra Leone	Turkmenistan
Nigeria	Singapur	Türkei
Norwegen	Slowakische Republik	U.S.A.
Oman	Slowenien	Uganda
Österreich	Spanien	Ukraine
Panama	Sri Lanka	Ungarn
Papua-Neuguinea	St. Lucia	Uruguay
Paraguay	St. Christoph, Nevis	Usbekistan
Peru	St. Vincent, Grenadine	Vatikanstaat
Philippinen	Sudan	Venezuela
Polen	Surinam	Ver. Arab. Emirate
Portugal	Swasiland	Vietnam
Ruanda	Syrien	Weißrussland
Rumänien	Südafrika	Zentralafr. Republik
Russische Föderation	Tadschikistan	Zimbabwe
Sambia	Tansania	Zypern
San Marino	Togo	

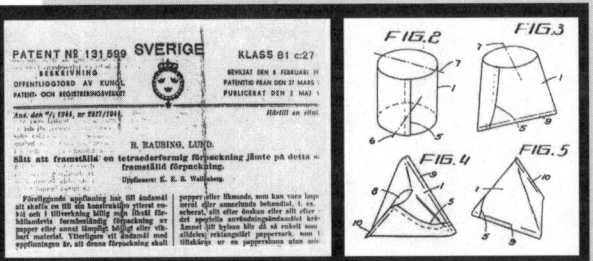

Ruben Rausings Tetra-Pak

Die Firma Tetra Pak war 1929 unter anderen von Ruben Rausing (1895–1983), damals noch als »Ackerlund & Rausing«, gegründet worden. Rausings Firma erregte großes Aufsehen als erstes Unternehmen, dem es gelang, Milch, die zuvor nur direkt vom Bauern oder in Glasflaschen verkauft werden konnte, in Kartonschachteln zu verpacken. Damit konnte sowohl die Arbeit in der Molkerei als auch in der gesamten Distributionskette wesentlich erleichtert werden. Das Problem, das es dabei zu lösen gegolten hatte, war, ein entsprechendes Verfahren zum Verpacken zu finden, das dem Umstand Rechnung trug, dass Milch eines der empfindlichsten Lebensmittel überhaupt ist. Darüber hinaus musste auch die geeignete Maschine zur Verfügung gestellt werden. Ruben Rausing, mittlerweile Alleininhaber der Firma, hatte 1944 die Idee, die Milch in Tetraeder-Form abzupacken, wobei an Dach und Boden Versiegelungen vorgesehen wurden, die gegeneinander im rechten Winkel standen (Schwedisches Patent Nr. 131.599). Diese Idee setzte sich aber nur langsam durch, weil dabei noch viele Probleme offen blieben, insbesondere was die Einhaltung von sterilen Bedingungen und die maschinellen Einrichtungen betraf.

In den fünfziger Jahren wurde an der Innenseite der Milchkartontetraeder eine Polyethylen-Schicht vorgesehen. Die ersten Maschinen zur aseptischen Abfüllung konnten 1959 gebaut werden.

Anfang der sechziger Jahre wurde dann bei Tetra Pak die Innovation eingeleitet, die die Brüder Hans und Gad Rausing, die ihrem Vater inzwischen in die Geschäftsführung nachgefolgt waren, zu zwei der reichsten Männer der Welt werden lassen sollte: die Wandlung der Verpackung vom Tetraeder zum rechteckigen, ziegelförmigen Tetra-Brick. Mit diesem System wurden nicht nur zahlreiche Probleme der Sterilität, insbesondere bei großen Volumina von Milch (zum Beispiel ein Liter), und der maschinellen Herstellung auf einen Schlag gelöst, die Tetra-Brick-Packung kam aufgrund ihrer praktischen Handhabung bei Lieferung, Lagerung und Verkauf den Markterfordernissen – vor allem in der Logistik – enorm entgegen.

Am 12. März 1963 wurde im kleinen schwedischen Städtchen Motala, etwa 200 Kilometer südwestlich von Stockholm, zum ersten Mal ein Produkt verkauft, das die Nahrungsmittelindustrie revolutionieren sollte. Erstmals wurde Milch in der rechteckigen, ziegelförmigen Kartonpackung zum Verkauf angeboten, die als Tetra-Brick-Packung Geschichte schreiben sollte.

Zu einem richtigen Verkaufsschlager wurde das Tetra-Brick-System allerdings erst, als Ende der sechziger Jahre ein neues Sterilisierungsverfahren (das UHT-Verfahren) in die Tetra-Brick-Produktion eingearbeitet werden konnte. Die aseptische Verarbeitungs- und Verpackungstechnologie wird heute unbestritten als die bedeutendste lebensmitteltechnologische Innovation der letzten 50 Jahre angesehen.

Heute produziert Tetra Pak aufgrund der ständigen Innovation der von ihr hergestellten Verpackungssysteme rund 80 Milliarden Verpackungen pro Jahr und zählt damit zu den größten Unternehmen im Lebensmittelbereich.

13 Das Europapatent

Am 5. Oktober 1973 trat das Übereinkommen über die Erteilung europä-
ischer Patente (Europäisches Patentübereinkommen = EPÜ) in Kraft. Sitz
des 1977 gegründeten **Europäischen Patentamtes** (EPA) ist München
mit Zweigstellen in Den Haag, Berlin und Wien. Ziel dieses Europäischen
Patentübereinkommens ist es, durch ein zentrales Recherche- und Prüf-
verfahren die mühseligen nationalen Verfahren zu vereinheitlichen und zu
beschleunigen und so zu einem einheitlichen Schutzrecht für praktisch
ganz Europa zu kommen.

Im Spätherbst 2000 soll nun eine Konferenz der Vertragsstaaten der
Europäischen Patentorganisation zur Revision des EPÜ stattfinden. Damit bietet sich eine Gelegenheit, das EPÜ fast 30 Jahre nach seinem
Abschluss behutsam zu modernisieren und sicherzustellen, dass die Europäische Patentorganisation – nicht zuletzt im Hinblick auf ihre bevorstehende Erweiterung auf mindestens 28 Mitgliedstaaten – flexibel reagieren
kann.

Da zu einer Änderung des Übereinkommens eine Konferenz der Vertragsstaaten erforderlich ist, die Ausführungsordnung hingegen bereits
durch Beschlüsse des Verwaltungsrates geändert werden kann, werden
Bestimmungen über verfahrenstechnische Einzelheiten (Formerforder-
nisse, Fristen, Gebühren) aus dem Übereinkommen in die Ausführungsordnung überführt. Vorgeschlagen wird auch die Einführung eines zentralen Beschränkungsverfahrens vor dem EPA. Die Rechtsbehelfe der Verfahrensbeteiligten sollen verbessert und erweitert werden.

Weiters sind Anpassungen des EPÜ in Bezug auf das TRIPs-Abkommen,
das künftige Gemeinschaftspatent und die Bestimmungen des in Kürze zu
erwartenden Patent Law Treaty (PLT) erforderlich, zum Beispiel im Hinblick auf die Erfordernisse für einen Anmeldetag, die elektronische Einreichung von Anmeldungen oder die Wiedereinsetzung in die Prioritätsfrist.

Europäische Patentanmeldungen können auf Deutsch, englisch oder französisch eingereicht werden. Aus anderen Landessprachen von EPÜ-Mit-
gliedsstaaten müssen sie in eine der genannten Sprachen übersetzt werden. In der gewählten Anmeldesprache Deutsch, Englisch oder Franzö-

sisch wird auch das Erteilungsverfahren geführt und die Patentschrift gedruckt.

Die Voraussetzungen für die Erlangung eines europäischen Patents sind gleich wie für ein nationales Patent: die Erfindung muss neu, erfinderisch und gewerblich anwendbar sein.

Die **Befugnisse** des Europäischen Patentamtes reichen nur bis zur Erteilung des europäischen Patents und zu einem eventuell darauf folgenden Einspruchsverfahren einschließlich sämtlicher Instanzen. Die Gültigkeit des Patents nach Erteilung wird nach dem nationalen Recht des jeweiligen Vertragsstaates bestimmt, in welchem das Europapatent gültig vervollständigt und eingetragen wurde. Zurzeit ist Voraussetzung für die gültige Vervollständigung eines europäischen Patents im jeweiligen Vertragsstaat die Einreichung einer Übersetzung in die Landessprache (falls das Patent nicht in der Landessprache erteilt wurde) zusammen mit der Zahlung einer Veröffentlichungsgebühr.

Für Österreich und Deutschland sowie für die Schweiz ist demnach für den Fall, dass Deutsch Anmelde- und Verfahrenssprache war, die Einreichung einer Übersetzung nicht erforderlich. Falls in dem europäischen Patent nun auch noch Großbritannien, Frankreich und Griechenland benannt wurden, müssen demnach eine englische, eine französische und eine griechische Übersetzung der europäischen Patentschrift angefertigt und beim Britischen, Französischen und Griechischen Patentamt eingereicht werden. Das europäische Patent ist in diesem Fall dann in Österreich, in Deutschland, in der Schweiz, in Großbritannien, Frankreich und Griechenland gültig.

Doch nun zurück zum **Verfahren** vor dem Europäischen Patentamt. Eine europäische Patentanmeldung kann entweder direkt beim Europäischen Patentamt in München oder bei seiner Zweigstelle in Den Haag oder beim Patentamt des jeweiligen Staates, aus dem der Anmelder kommt (sofern dieser Staat Vertragsstaat des EPÜ ist), eingereicht werden. Falls die europäische Anmeldung nicht direkt beim EPA eingereicht wird, leitet die nationale Behörde die Anmeldung zum EPA weiter.

Die **europäische Patentanmeldung** muss zum Zeitpunkt der Einreichung zwingend Folgendes enthalten:

▸ einen Antrag auf Erteilung eines europäischen Patents,
▸ Angaben zur Identität des Anmelders,
▸ eine Beschreibung der Erfindung,
▸ einen oder mehrere Patentansprüche,
▸ gegebenenfalls die Zeichnungen, auf die sich die Beschreibung oder die Patentansprüche beziehen, und
▸ eine Zusammenfassung.

Für den Antrag ist die Verwendung des vom Europäischen Patentamt herausgegebenen Formulars vorgesehen. Dieses ist entweder direkt beim EPA, bei Ihrem Patentanwalt bzw. dessen Vertreter oder auch über das Internet (Adresse: http://www.european-patent-office.org) erhältlich. Die Anmeldung kann auch (samt Antrag) per Diskette eingereicht werden, die Software hiezu (EASY 2.9) ist über die zuvor genannte Homepage kostenlos erhältlich.

Für die europäische Anmeldung sind innerhalb eines Monats nach Einreichung derselben eine **Anmeldegebühr** und eine Recherchengebühr zu entrichten. Vor Beginn des Prüfungsverfahrens müssen auch die Vertragsstaaten, für die Schutz begehrt wird, benannt werden. Für diese Benennung ist pro Land eine Gebühr zu entrichten – die Maximalgebühr beträgt das Siebenfache der Einzelgebühr. Mit anderen Worten bedeutet dies, dass ab dem achten benannten Land keine Gebühren mehr zu entrichten sind.

Für die europäische Patentanmeldung sind auch **Jahresgebühren** zu entrichten, und zwar beginnend für das dritte und jedes weitere Jahr, gerechnet vom Anmeldetag an. Die Zahlung von Jahresgebühren an das EPA endet mit der Zahlung der Jahresgebühr, die für das Jahr fällig ist, in dem der Hinweis auf die Erteilung des europäischen Patents bekannt gemacht wird.

Für die europäische Patentanmeldung kann natürlich die **Priorität** einer nationalen Erstanmeldung beansprucht werden. In diesem Fall sind eine Prioritätserklärung, eine beglaubigte Kopie der Prioritätsanmeldung und gegebenenfalls, nämlich wenn die Sprache der früheren Anmeldung nicht eine Amtssprache des EPA ist, eine Übersetzung der Prioritätsanmeldung in eine der Amtssprachen (Deutsch, Englisch, Französisch) einzureichen.

Wenn der Inhalt der europäischen Anmeldung über die Offenbarung der Prioritätsanmeldung hinausgeht, wenn etwa eine besonders bevorzugte Ausführungsform der Erfindung erst im Laufe des Prioritätsjahres gefunden wurde, kommt dieser Erweiterung die Priorität des Anmeldetags beim Europäischen Patentamt zu.

Nach Einlangen der Anmeldung beim Europäischen Patentamt wird von diesem geprüft, ob die europäische Patentanmeldung den oben genannten Voraussetzungen genügt, ob Anmelde- und Recherchengebühr rechtzeitig entrichtet wurden sowie gegebenenfalls, ob eine Übersetzung der europäischen Anmeldung in die Verfahrenssprache Deutsch, Englisch oder Französisch eingereicht wurde. Wenn irgendeiner dieser Punkte nicht erfüllt ist, so wird der Anmelder zur Beseitigung der aufgefundenen Mängel aufgefordert. Wenn dies nicht geschieht, wird die Anmeldung nicht als europäische Patentanmeldung behandelt.

Auf diese so genannte Eingangsprüfung folgt die Formalprüfung, worin die europäische Patentanmeldung auf das Vorliegen weiterer Mängel, zum Beispiel fehlende Erfindernennung, geprüft wird. Nach positivem Abschluss der Formalprüfung wird dann der **europäische Recherchenbericht** erstellt. Dieser wird dem Anmelder anschließend zusammen mit Kopien der aufgefundenen Schriftstücke bzw. Dokumente übermittelt.

Innerhalb von 18 Monaten nach dem Anmeldetag oder, wenn eine Priorität in Anspruch genommen wurde, innerhalb von 18 Monaten nach dem Prioritätstag wird die europäische Patentanmeldung dann veröffentlicht. Diese **Veröffentlichung** enthält die Beschreibung, die Patentansprüche und gegebenenfalls die Zeichnungen in der ursprünglich eingereichten Fassung sowie als Anlage den zuvor erwähnten Recherchenbericht und die Zusammenfassung, sofern diese bereits vorliegen. Eine solche Druckschrift, nämlich die europäische Patentanmeldung zusammen mit dem Recherchenbericht, wird als so genannte »A1«-Schrift bezeichnet. Falls der europäische Recherchenbericht zum Zeitpunkt der Veröffentlichung der europäischen Patentanmeldung noch nicht vorlag, wird die Patentanmeldung trotzdem veröffentlicht, dann als »A2«-Schrift. Nach Fertigstellung des Recherchenberichts wird dieser nachträglich gesondert als so genannte »A3«-Schrift veröffentlicht.

Innerhalb von sechs Monaten nach dem Tag, an dem im Europäischen Patentblatt auf die Veröffentlichung des europäischen Recherchenberichts hingewiesen wurde, muss vom Anmelder schriftlich ein **Antrag auf Prüfung der Anmeldung beim Europäischen Patentamt** gestellt (wenn dies nicht schon früher, etwa mit der Anmeldung, erfolgte) und die erforderliche Prüfungsgebühr bezahlt werden. Bis zum gleichen Zeitpunkt sind auch die zuvor erwähnten Benennungsgebühren einzuzahlen.

Nach Stellung dieses Prüfungsantrages beginnt die technische Prüfung der europäischen Patentanmeldung durch einen fachkundigen Prüfer. Unter Berücksichtigung des Recherchenberichts (der jedoch in keiner Weise für den Prüfer bindend ist) erlässt der Prüfer Bescheide, welche dem Anmelder bzw. seinem Vertreter übermittelt werden. Zur Antwort auf einen derartigen Bescheid ist in der Regel eine Frist von vier Monaten gesetzt, welche im Bedarfsfall ein- bis maximal zweimal um jeweils zwei Monate verlängert werden kann.

Abgeschlossen wird das Prüfungsverfahren dann durch die **Erteilung** des europäischen Patents bzw. durch die **Zurückweisung** der Anmeldung, wenn das Europäische Patentamt der Ansicht ist, dass die Anmeldung entweder nicht neu oder nicht erfinderisch gegenüber dem genannten Stand der Technik oder aus einem sonstigen Grund nicht gewährbar ist. Eine derartige Zurückweisung kann in einer zweiten Instanz durch Beschwerde bekämpft werden.

Mit der Veröffentlichung des Hinweises auf die Erteilung des europäischen Patents beginnt eine neunmonatige **Einspruchsfrist** zu laufen, innerhalb welcher Dritte das europäische Patent zentral beim Europäischen Patentamt bekämpfen können. Einsprüche müssen innerhalb dieser neunmonatigen Frist und unter Zahlung der Einspruchsgebühr eingereicht werden, um vor dem EPA behandelt werden zu können. Versäumt man diese Frist oder wird kein Einspruch eingelegt, so bleibt das europäische Patent vom EPA erteilt. Es besteht jedoch die Möglichkeit, ein derartiges Patent doch noch zu bekämpfen, nämlich national durch Nichtigkeitsklage in den einzelnen Vertragsstaaten, in welchen das Patent gültig ist. Dies ist aber aufwendiger und teurer, weil die Entscheidung über eine eventuelle Nichtigkeit nur im jeweiligen Staat gilt, während ein erfolgreicher Einspruch beim EPA das Patent gleich für alle Vertragsstaaten vernichtet.

Falls ein Einspruch eingelegt wurde, so wird dieser in erster Instanz von der Einspruchsabteilung behandelt. Ein dreiköpfiger Senat entscheidet, gegebenenfalls auch nach Abhalten einer mündlichen Verhandlung, darüber, ob der Einspruch berechtigt ist (in welchem Fall das europäische Patent widerrufen bzw. mit eingeschränktem Umfang aufrechterhalten wird) oder ob das Patent unverändert bestehen bleibt. Falls Patentansprüche oder Beschreibung geändert werden, wird das geänderte Patent erneut veröffentlicht. Derartige Patente, welche im europäischen Einspruchsverfahren geändert wurden, erkennt man an der Codierung »B2« hinter der Patentnummer. Ein ohne Einspruch erteiltes Patent wird als »B1« bezeichnet.

Das Einspruchsverfahren vor dem Europäischen Patentamt kennt im Gegensatz zu jenem in Österreich (wird sich aber auch mit der geplanten Novelle ändern) keinen Kostenzuspruch. Jeder Beteiligte hat seine Kosten selbst zu tragen. Ausnahmen bestehen nur in ganz seltenen Fällen, wenn Kosten durch einen Verfahrensbeteiligten mutwillig verursacht wurden; nur in solchen Fällen kann das EPA eine Aufteilung der Kosten bestimmen. Dies kommt aber so gut wie nie vor.

Der im Einspruchsverfahren Unterlegene hat noch die Möglichkeit, die Entscheidung des Europäischen Patentamtes in einer zweiten Instanz durch eine Beschwerdekammer überprüfen zu lassen. Eine derartige **Beschwerde** ist innerhalb von zwei Monaten nach Zustellung der angefochtenen Entscheidung schriftlich beim Europäischen Patentamt einzulegen. Zusätzlich ist eine Beschwerdegebühr fällig. Innerhalb von weiteren zwei Monaten, das heißt vier Monate nach Zustellung der anzufechtenden Entscheidung, muss die Beschwerde schriftlich begründet werden. Am Beschwerdeverfahren ist automatisch auch die Gegenseite beteiligt. Das Verfahren läuft ähnlich ab wie das Einspruchsverfahren; selbstverständlich ist ein eigener Senat mit der Abwicklung der Beschwerde beauftragt, in welchem die technischen Prüfer der Einspruchsabteilung nicht Mitglied sind. Entscheidungen der Beschwerdeabteilung sind endgültig, lediglich zur Sicherung einer einheitlichen Rechtsanwendung oder wenn sich eine Rechtsfrage von grundsätzlicher Bedeutung stellt, kann als oberste Instanz die Große Beschwerdekammer tätig werden. Dies aber nur dann, wenn sie selbst hierzu eine Entscheidung für erforderlich hält.

Innerhalb von drei Monaten nach Veröffentlichung der Entscheidung über die Erteilung des europäischen Patents im Patentblatt muss dieses dann in jenen Staaten, in welchen Übersetzungen vorgelegt werden müssen, validiert werden. Erst nach Einreichung dieser Übersetzungen und Zahlung der Veröffentlichungsgebühr bzw. nach Bekanntgabe eines zulässigen Vertreters (wenn keine Übersetzung vorzulegen ist) ist das europäische Patent im jeweiligen Land gültig. Wird im Text des Patents durch eine Einspruchsentscheidung etwas geändert, so ist ebenfalls innerhalb von drei Monaten ab der entsprechenden Veröffentlichung die gesamte Patentschrift in der geänderten Fassung neu übersetzt und wieder unter Zahlung der Veröffentlichungsgebühr in den einzelnen Ländern einzureichen, damit das Patent im geänderten Umfang weiter wirksam bleibt.

Ein Sonderfall besteht noch bei den so genannten Erstreckungen; dort wird die Validierung durch Einreichung einer Übersetzung bloß der erteilten Ansprüche getätigt, mit Ausnahme von Rumänien, das eine Vollübersetzung verlangt. Erstreckungen sind derzeit in Albanien, Lettland, Litauen, Mazedonien, Rumänien und Slowenien möglich. Details hinsichtlich der hierfür nötigen Einreichungsdaten werden in der Tabelle angegeben.

Mitgliedsstaaten des Übereinkommens über die Erteilung europäischer Patente (EPÜ)

Stand: Juli 2000

Albanien* (01.02.1996)	Luxemburg (07.10.1977)
Belgien (07.10.1977)	Mazedonien* (01.11.1997)
Deutschland (07.10.1977)	Monaco (01.12.1991)
Dänemark (01.01.1990)	Niederlande (07.10.1977)
Finnland (01.03.1996)	Österreich (01.05.1979)
Frankreich (07.10.1977)	Portugal (01.01.1992)
Griechenland (01.10.1986)	Rumänien* (15.10.1996)
Großbritannien (07.10.1977)	Schweden (01.05.1978)
Irland (01.08.1992)	Schweiz (07.10.1977)
Italien (01.12.1978)	Slowenien* (01.03.1994)
Lettland* (01.05.1995)	Spanien (01.10.1986)
Liechtenstein (01.04.1980)	Zypern (01.04.1998)
Litauen* (05.07.1994)	

Der Zeitpunkt des Wirksamwerdens der Ratifikation ist in Klammern angegeben.

---

* nicht EPÜ-Mitgliedsstaat, aber bei ab dem in Klammern angeführten Datum eingereichten EP-Anmeldungen ist eine »Erstreckung« (= Benennung) möglich

Edwin Lands Sofortbildkamera

Der amerikanische Physiker Edwin H. Land (1909–1991) war nicht nur ein begnadeter Physiker und Industrieller, sondern auch ein genialer Erfinder.

Bereits Ende der zwanziger Jahre gelang es ihm als Erstem, Polarisationsfilter künstlich herzustellen. Mit dieser Erfindung, die unter anderem an die Firma Eastman Kodak lizensiert wurde, stellte sich der erste große kommerzielle Erfolg für Lands Firma Polaroid ein.

Seine zweite große Erfindung war ebenfalls ein Geniestreich: Während einer Bahnfahrt bemerkte er störende Reflexionen auf Eisenbahnlichtsignalen, und eine Lösung zu diesem Problem fiel ihm eine Sekunde später ein. Er wusste nicht, dass viele Ingenieure bei anderen Firmen sich monatelang mit diesem Problem erfolglos beschäftigt hatten.

Dies erfuhr er erst während eines Streitverfahrens für das von ihm angemeldete Patent gegen eine Patentanmeldung einer Konkurrenzfirma, bei welchem ihm eine wohl einzigartige Argumentation entgegengehalten wurde: Zur Feststellung der Erfindungseigenschaft führte die gegnerische Partei an, dass Land kein Patent auf eine Lehre erhalten könne, die für ihn so offensichtlich sei, dass sie ihm

gleich einfalle. Vielmehr hätten diejenigen Ingenieure das Erfinderrecht, die so lange verzweifelt nach der Lösung gesucht hätten. Dieses Argument ließ man natürlich nicht gelten.

Lands nächste Erfindung betraf die Sofortbildkamera. 1945 reichte er die erste Patentanmeldung zur Sofortbild-Fotografie ein (US-Patent Nr. 2,543,181), und im November 1948 brachte seine Firma Polaroid die erste Sofortbildkamera auf den Markt – die Polaroid 95. Seine Kameraerfindung hatte Land 1947 zunächst Kodak angeboten, die jedoch kein Interesse zeigte. Polaroid und Kodak arbeiteten aber bei der Filmherstellung für diese Kamera eng zusammen.

Land wandte sich danach seiner wohl komplexesten Entwicklung zu: der Farb-Sofortbildfotografie. Die Herstellung eines fertigen Farbfotos war langwierig und überaus kompliziert. Als Land 1963 sein »Polacolor«-System vorstellte, war daher die Aufmerksamkeit in den Medien groß. Mit dem hochkomplizierten Minuten-Farbfilm »Polacolor« ließ sich innerhalb von 60 Sekunden ein Farbabzug herstellen. Die fotografische Emulsion bestand aus einem 0,05 mm dünnen Negativteil mit neun unterschiedlichen Schichten, einem Positivteil mit vier Schichten und einer Zwischenschicht, die eine alkalische Lösung enthielt, also insgesamt vierzehn Schichten auf einem einzigen Film.

Bis zum Jahre 1968 entwickelte Polaroid dann ein weiteres, völlig neues Verfahren, bei dem die Entwicklung des Bildes nicht mehr im Fotoapparat stattfand, sondern außerhalb. Auch musste kein Papier mehr von dem entwickelten Bild abgezogen werden, sondern man konnte bei der Entwicklung des Bildes zusehen.

Auch für dieses System sollte Kodak als Partner gewonnen werden, jedoch zerschlugen sich die Verhandlungen, da Kodak nunmehr ihrerseits ein derartiges System zur Verfügung zu stellen versuchte. Obwohl zeitweise 1.300 Forscher bei Kodak an dieser Entwicklung arbeiteten, dauerte es bis 1978, bis Kodak mit ihrem System auf den Markt kommen konnte. Polaroid reichte aber noch im selben Jahr eine Patentverletzungsklage gegen Kodak ein. Das Streitverfahren dauerte bis 1991 und endete mit der Verurteilung von Kodak, die 900 Millionen Dollar Schadenersatz (davon die Hälfte aus Zinsen) an Polaroid zahlen musste (vergleiche dazu auch Kapitel 6).

14 Das so genannte Weltpatent (= PCT-Verfahren)

Aufgrund des Patent Cooperation Treaty, kurz PCT, ist es möglich, durch Einreichung einer einzigen Patentanmeldung ein Anmeldedatum in vielen (derzeit über 100) Ländern der Welt zu erlangen. Dieser Vertrag über die internationale Zusammenarbeit auf dem Gebiet des Patentwesens wurde am 19. Juni 1970 in Washington unterzeichnet und ist seither in seiner Ausführungsordnung bereits einige Male an jüngste Entwicklungen auf dem Gebiet des Patentwesens angepasst worden. Der PCT stellt ein überaus nützliches Verfahren dar, mittels dessen hauptsächlich Zeit gewonnen werden kann; Zeit, die zur Evaluierung der Marktchancen bzw. zur Auffindung von potentiellen Interessenten an einer Erfindung überaus wertvoll sein kann. In den Händen von Spezialisten ist das PCT-Verfahren sehr nützlich und kann die nachfolgenden Erteilungsverfahren in den jeweiligen Staaten erheblich beschleunigen. Es muss jedoch besonders darauf hingewiesen werden, dass das PCT-Verfahren auch relativ kompliziert ist und der Text des PCT samt seiner Ausführungsordnung nicht gerade zu einer leichteren Verständlichkeit beiträgt. Noch eines vorweg: Durch das PCT-Verfahren selbst kann kein Patent erlangt werden; nach Ende des PCT-Verfahrens schließen sich die nationalen Erteilungsverfahren an.

Eine **internationale Anmeldung** unter dem PCT hat, ähnlich wie eine europäische Patentanmeldung, einen Antrag, eine Beschreibung, ein oder mehrere Ansprüche sowie Zeichnungen und eine Zusammenfassung zu enthalten. Im Antrag müssen die Vertragsstaaten bestimmt werden, in denen Schutz für die Erfindung begehrt wird (Bestimmungsstaaten); es kann über den PCT auch zum Beispiel das Europäische oder Eurasische Patentamt bestimmt werden. In diesem Fall wird dann kein nationales, sondern eben ein »regionales« Patent angemeldet.

Der Antrag hat ein Gesuch auf Behandlung der Anmeldung, die Identifikation des Anmelders sowie gegebenenfalls des Vertreters, die Bezeichnung der Erfindung sowie den oder die Namen der Erfinder (soweit in den bestimmten Staaten erforderlich) zu enthalten. Wie für nationale oder europäische Patentanmeldungen kann auch für eine internationale Anmeldung nach dem PCT das Prioritätsdatum einer nationalen Erstanmeldung beansprucht werden; in diesem Fall ist eine Prioritätserklärung sowie eine Kopie der Prioritätsanmeldung zu übermitteln. Auch eine PCT-Anmeldung kann per Diskette eingereicht werden; die Software hiezu gibt es unter http://pcteasy.wipo.int.

Die Frage, **wer** nun eine internationale Patentanmeldung einreichen darf, wo dies zu geschehen hat und in welchen Sprachen diese Anmeldung einzureichen ist, ist vielschichtig. Grundsätzlich kann jeder Staatsangehörige eines Vertragsstaates sowie jeder, der in einem Vertragsstaat seinen Sitz oder Wohnsitz hat, eine internationale Anmeldung einreichen. Die Spracherfordernisse orientieren sich dabei sowohl an den Amtssprachen des Landes, in dem die internationale Anmeldung eingereicht werden kann, als auch nach jener der Recherchenbehörde, die für dieses Land zuständig ist. Für Österreich und Deutschland bedeutet dies, dass eine internationale Anmeldung beim Österreichischen bzw. Deutschen Patentamt auf Deutsch einzureichen ist. In der Schweiz kann ein Schweizer Staatsangehöriger bzw. ein Ausländer, der Sitz oder Wohnsitz in der Schweiz hat, eine internationale Anmeldung auf Deutsch oder Französisch einreichen. Weiters besteht noch die Möglichkeit, eine internationale Anmeldung beim Europäischen Patentamt einzureichen; in diesem Fall kann der österreichische, deutsche oder Schweizer Anmelder die Anmeldung auf Deutsch, Englisch oder Französisch vornehmen. In allen diesen Fällen ist die Recherchenbehörde jene des Europäischen Patentamtes, die als Amtssprachen Deutsch, Englisch und Französisch hat. Deshalb kann ein Schweizer eine PCT-Anmeldung nicht in Italienisch anmelden, obwohl dies Landessprache ist.

Eine PCT-Anmeldung kann jedenfalls immer bei der WIPO in Genf eingereicht werden, und zwar per Post, Übergabe oder Telefax. Details siehe http://www.wipo.int/eng/pct/filing.htm.

Um eine internationale Anmeldung vornehmen zu können, ist es erforderlich, dass zumindest einer der Anmelder Staatsangehöriger eines Verbandsstaates ist oder dass zumindest einer der Anmelder Sitz oder Wohnsitz in einem Verbandsstaat hat. Durch letztere Regelung besteht auch die Möglichkeit für Nicht-Angehörige eines Verbandsstaates, doch eine PCT-Anmeldung zu erlangen; es ist lediglich erforderlich, dass einer der Anmelder in einem der Bestimmungsländer – beispielsweise Madagaskar

– seinen Wohnsitz hat. Ob in diesem Land, im obigen Beispiel Madagaskar, dann nach Abschluss der internationalen Anmeldung tatsächlich eine nationale Patentanmeldung fortgeführt wird, ist dabei ohne Bedeutung.

Nach Eingang einer internationalen Anmeldung beim Anmeldeamt erkennt dieses dann das so genannte **internationale Anmeldedatum** zu. Dies erfolgt dann, wenn zum Zeitpunkt des Einganges der internationalen Anmeldung bestimmte **Grunderfordernisse** erfüllt sind, wie Berechtigung des Anmelders, Vorliegen der Anmeldung in der vorgeschriebenen Sprache, Bestimmung mindestens eines Vertragsstaates, Vorliegen von Beschreibung und Ansprüchen sowie Vorliegen eines Hinweises darauf, dass die Anmeldung als internationale Anmeldung behandelt werden soll, und Identifikation des Anmelders. Das Anmeldeamt übermittelt dann die internationale Anmeldung an das Internationale Büro in Genf (World Intellectual Property Organization = WIPO) sowie an die internationale Recherchenbehörde. Für Österreich, Deutschland und die Schweiz ist die Recherchenbehörde das Europäische Patentamt. Weiters wird vom Internationalen Büro ein Exemplar der internationalen Anmeldung an die jeweiligen Bestimmungsämter, das heißt die Patentämter der Bestimmungsstaaten übermittelt.

Durch die Recherchenbehörde wird sodann ein **Recherchenbericht** erstellt und dem Anmelder übermittelt. In dem Recherchenbericht wird der ermittelte einschlägige Stand der Technik genannt und mit Kürzeln hinsichtlich seiner Relevanz klassiert. »X« bedeutet hierbei ein Dokument, das nach Ansicht des Prüfers neuheitsschädlich für die Erfindung ist, »Y« bezeichnet ein Dokument, welches in Kombination mit einem weiteren Y-Dokument den Gegenstand der Erfindung als nahe liegend erscheinen lässt. Es sei jedoch darauf hingewiesen, dass eine derartige Klassierung keineswegs endgültig ist. Sie stellt lediglich die Ansicht des mit der Recherche beauftragten Prüfers dar. Aus der Praxis sind jedenfalls Fälle bekannt, worin mit X klassierte Dokumente mit der Erfindung absolut nichts zu tun hatten, während A-Dokumente (welche lediglich den Hintergrund zum Stand der Technik bilden) eine neuheitsschädliche Vorwegnahme darstellten.

Die internationale Anmeldung wird sodann innerhalb von 18 Monaten ab Anmeldedatum bzw., falls eine Priorität in Anspruch genommen wurde, ab Prioritätsdatum zusammen mit dem internationalen Recherchenbericht **veröffentlicht**.

Sodann bestehen für den Anmelder **zwei Möglichkeiten**. Er kann einerseits den PCT-Weg verlassen und innerhalb von 20 bzw. für manche Länder 21 Monaten ab Anmeldedatum bzw. ab Prioritätsdatum in die nationalen bzw. regionalen Phasen vor den einzelnen bestimmten Patentämtern treten (durch Antrag und Einreichung entsprechender Unterlagen) oder er kann durch Stellung eines Antrags auf internationale vorläufige Prüfung das PCT-Verfahren weiter in Anspruch nehmen. Ein derartiger Antrag auf internationale vorläufige Prüfung verzögert einerseits den Eintritt in die nationalen bzw. regionalen Phasen, andererseits hat er den Vorteil, dass der Anmelder eine kompetente Ansicht über die Schutzwürdigkeit der Erfindung erhält sowie die Entrichtung der mit Einleitung der nationalen bzw. regionalen Phasen verbundenen erheblichen Übersetzungs- und nationalen Anmeldungskosten auf weitere zehn Monate hinausschieben kann. Die internationale vorläufige Prüfung hat jedoch für die nationalen bzw. regionalen Ämter lediglich Empfehlungscharakter, die dortigen Prüfer sind in keiner Weise an den internationalen vorläufigen Prüfbericht gebunden.

Für Österreich, Deutschland und die Schweiz ist das Europäische Patentamt nicht nur internationale Recherchenbehörde, sondern gleichzeitig auch die mit der internationalen vorläufigen Prüfung beauftragte Behörde. Dies bedeutet mit anderen Worten, dass der für eine europäische Patentanmeldung zuständige Prüfer auch die internationale Anmeldung zu behandeln hat. Wenn also schon in der internationalen Phase der Prüfer beim Europäischen Patentamt von Neuheit und Erfindungshöhe des Gegenstandes der Anmeldung überzeugt werden kann, wird dadurch eine erhebliche Beschleunigung des nachfolgenden europäischen Verfahrens erreicht.

Formulare für internationale Anmeldungen sind bei den nationalen Patentämtern, beim Europäischen Patentamt, über Patentanwälte sowie über das Internet (Adresse: http://www.wipo.org) erhältlich.

Zusammenfassend ist zu EPÜ und PCT zu sagen, dass eine europäische Patentanmeldung jedenfalls ab zumindest vier bis fünf benannten Staaten gegenüber den einzelnen nationalen Anmeldungen ökonomisch sinnvoll

erscheint. Das Erteilungsverfahren ist zentralisiert, man erspart sich lästi-
ge Wiederholungen im Schriftwechsel mit mehreren Patentämtern. Durch
das Verfahren nach dem PCT kann das für Anmelder wohl wertvollste Gut
gewonnen werden, nämlich Zeit. Mittels eines PCT-Verfahrens kann der
Eintritt in die nationalen bzw. regionalen Phasen vor den einzelnen
Patentämtern um bis zu 30 bzw. 31 Monate ab Prioritätstag hinausgezö-
gert werden. Innerhalb dieses Zeitraums muss sich der Anmelder dann
darüber im Klaren sein, ob seine Erfindung tatsächlich wirtschaftlich so
erfolgreich ist, dass die mit doch erheblichen Kosten verbundenen einzelnen Nationalisierungen und Übersetzungen eine sinnvolle Investition darstellen.

Mitgliedsstaaten des Vertrages über die internationale Zusammenar-
beit auf dem Gebiet des Patentwesens (PCT)

Stand: Juli 2000

Aripo (01.07.1994)

Albanien (04.10.1995)

Algerien (08.03.2000)

Antigua, Barbuda (17.03.200o)

Armenien (17.05.1994)

Aserbaidschan (25.12.1995)

Australien (31.03.1980)

Barbados (12.03.1985)

Belgien* (14.12.1981)

Belize (17.06.2000)

Benin (26.02.1987)

Bosn.-Herzegowina   (07.09.1996)

Brasilien (09.04.1978)

Bulgarien (21.05.1985)

Burkina Faso (21.03.1989)

China (01.01.1994)

Costa Rica (02.08.1999)

Deutschland (24.01.1978)

Dominica (07.08.1999)

Dänemark (01.12.1978)

Elfenbeinküste (30.04.1991)

Estland (24.08.1994)

Eurasien (01.01.1996)

Finnland (01.10.1980

Frankreich* (25.02.1978)

Gabun (24.01.1978)

Gambia (09.12.1994)

Georgien (18.01.1994)

Ghana (26.02.1997)

Grenada (22.09.1998)

Griechenland (09.10.1990)*

Großbritannien (24.01.1978)

Guinea (27.05.1991)

Guinea-Bissau (12.12.1997)

Indien (01.12.1998)

Indonesien (05.09.1997)

Irland (01.08.1992)*

Island (23.03.1995)

Israel (01.06.1996)

Italien (28.03.1985)*

Japan (01.10.1978)

Jugoslawien (01.02.1997)

Kamerun (24.01.1978)
Kanada (02.01.1990)
Kasachstan (16.02.1993)
Kenia (08.06.1994)
Kirgisien (14.02.1994)
Kongo (24.01.1978)
Korea, Volksrep. (08.07.1980)
Korea, Republik (10.08.1984)
Kroatien (01.07.1998)
Kuba (16.07.1996)
Lesotho (21.10.1995)
Lettland (07.09.1993)
Liberia (27.08.1994)
Luxemburg (30.04.1978)
Madagaskar (24.01.1978)
Malawi (24.01.1978)
Mali (19.10.1984)
Marokko (08.10.1999)
Mauretanien (13.04.1983
Mazedonien (10.08.1995)
Mexiko (01.01.1995)
Moldawien (14.02.1994)
Monaco (22.06.1979)*
Mongolei (27.05.1991)
Mozambik (18.05.2000)
Neuseeland (01.12.1992)
Niederlande (10.07.1979)*
Niger (21.03.1993)
Norwegen (01.01.1980)
Polen (25.12.1990)
Portugal (24.11.1992)
Rumänien (23.07.1979)
Russische Föderation (25.12.1991)

Schweden (17.05.1978)
Schweiz (24.01.1978)
Senegal (24.01.1978)
Sierra Leone (17.06.1997)
Singapur (23.02.1995)
Slowak. Republik (01.01.1993)
Slowenien (01.03.1994)
Spanien (16.11.1989)
Sri Lanka (26.02.1982)
St. Lucia (30.08.1996)
Sudan (16.04.1984)
Swasiland (20.09.1994)
Südafrika (16.03.1999)
Taschikistan (14.02.1994)
Tansania (14.09.1999)
Togo (24.01.1978)
Trinidad, Tobago (10.03.1994)
Tschad (24.01.1978)
Tschech. Republik (01.01.1993)
Turkmenistan (01.03.1995)
Türkei (01.01.1996)
U.S.A. (24.01.1978)
Uganda (09.02.1995)
Ukraine (25.12.1991)
Ungarn (27.06.1980)
Usbekistan (18.08.1993)
Ver. Arab. Emirate (10.03.1999)
Vietnam (10.03.1993)
Weißrussland (14.04.1993)
Zentralafr. Republik (24.01.1978)
Zimbabwe (11.06.1997)
Zypern (01.04.1998)*

Der Zeitpunkt des Wirksamwerdens der Ratifikation oder des Beitrittes ist in Klammern angegeben.

---

164 * Für diesen Staat kann über eine internationale Anmeldung nur ein europäisches Patent erhalten werden.

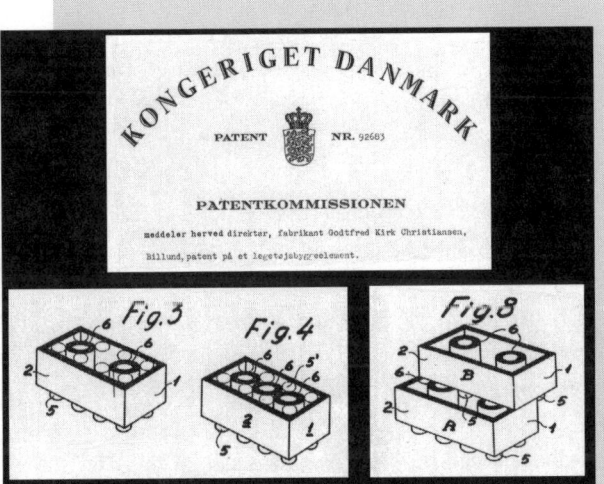

Gottfred Kirk Christiansens Lego-Stein

1932 gründete Ole Kirk Christiansen in Dänemark eine Spielzeug-
firma, die zum Synonym für kreatives Spielzeug für Generationen
werden sollte – Lego. Anfangs konzentrierte sich Christiansen auf
Holzspielzeug, als sich jedoch Kunststoff in immer mehr Lebensbe-
reichen durchsetzte, begann 1947 Lego neben dem Holzspielzeug
auch Plastikspielzeug, beispielsweise Puppen, Autos, Tiere und Ras-
seln, zur Verfügung zu stellen, darunter auch Bauklötze aus Plastik.
1949 gelangten die ersten Lego-Steine in Dänemark unter dem
Namen »automatic binding bricks« auf den Markt. Der englische
Name wurde deshalb gewählt, da diese Art von Namen in Däne-
mark zur damaligen Zeit besonders marktwirksam war. Die Lego-
Steine trugen bereits die charakteristischen Legoknöpfe und ent-
sprachen auch in ihren Dimensionen schon dem klassischen Lego-
Stein. Später wurde der Name »automatic binding bricks« in
»Legomursten« (= Legobaustein) geändert. Den Lego-Steinen kam
aber im damaligen Lego-Sortiment, das aus rund 200 hölzernen
und kunststoffartigen Produkten bestand, kaum Bedeutung zu, sie
verkauften sich nicht gerade gut.

Im Jahre 1954 wurde aber in der Firma entschieden, dass diese Lego-Steine eine große Zukunft haben sollten. Insbesondere war an diesem Spielzeug interessant, dass es zu einem ganzen System entwickelt und in Massenproduktion hergestellt werden konnte.

Das erste »Legosystem of Play« wurde 1955 auf den Markt gebracht und umfasste kleine Autos, den »Lego-Baustein« und Straßenkarten aus Karton.

Im Jahr 1958 kam aber der ganz große Durchbruch, welcher Epoche machen sollte. Dem noch primitiven und innen völlig hohlen Lego-Baustein wurden Röhrchen »eingepflanzt«, welche dem Stein ein großes Haltevermögen auf anderen Steinen gaben. Darüber hinaus wurde die Anzahl der Möglichkeiten, die Steine miteinander zu verbinden, ins Astronomische gesteigert. Für sechs Achtknöpfe-Ziegel derselben Farbe konnte man nun 103 Millionen Möglichkeiten für ihre Zusammensetzung finden. Dies war mit dem alten, dem hohlen Lego-Baustein nicht möglich, welcher daraufhin überflüssig und uninteressant wurde. Diese geniale Erfindung von Gottfred Kirk Christiansen, dem Sohn des Firmengründers, wurde 1958 in Dänemark (Dänisches Patent Nr. 92.683) und 1959 in einer Reihe von anderen Staaten zum Patent angemeldet, und sie war die Grundlage zur weltweiten Verbreitung des Lego-Systems. Unter dem Schutz dieser Patente konnte sich die kleine dänische Spielzeugfabrik zum Weltkonzern entwickeln.

1969 wurde ein weiterer Meilen-»Stein« von Lego auf den Markt gebracht, der Lego-Duplo-Stein, welcher achtmal so groß ist wie der klassische Lego-Stein (jede Abmessung wurde mit 2 multipliziert). Lego-Duplo-Steine und Lego-Steine sind ebenfalls auf technisch geniale Weise miteinander kombinierbar.

Mehr als 300 Millionen Kinder und Erwachsene haben bis heute mit Lego-Steinen gespielt. Neben dem klassischen »Achter-Lego-Stein« gibt es rund 2.000 weitere Elemente innerhalb der verschiedenen Lego-Systeme, welche in rund 60.000 Geschäften in 133 Ländern verkauft werden.

15   Patente in den USA und in Japan

15.1   USA

Eine der wesentlichen Besonderheiten des Patentsystems in den USA ist, dass derjenige Anspruch auf Erteilung eines Patents hat, der eine bestimmte Erfindung als Erster erfunden hat (»First-to-invent«-System; Ersterfinder-Prinzip), und nicht derjenige, der die Erfindung als Erster angemeldet hat. Daher muss bei einer US-Patentanmeldung der (oder die) Erfinder immer auch Anmelder sein. Eine Übertragung (»Assignment«) der Anmeldung auf eine Firma ist zwar bereits unmittelbar bei Einreichung der Anmeldung möglich – nichtsdestotrotz ist immer der Erfinder der primäre Anmelder in den USA; seine Nennung und Unterschrift ist daher immer notwendig.

Damit sind auch besondere Regeln hinsichtlich der Neuheitsvoraussetzung verbunden. Hierzu gehört eine »Schonfrist« von einem Jahr für Publikationen der Erfindung. Das heißt, ein Patent kann bis zu einem Jahr nach der Publikation der Erfindung in den USA gültig angemeldet werden. Dabei spielt es keine Rolle, ob die Publikation durch den Erfinder selbst oder durch eine andere Person erfolgt (im Gegensatz zu der gegenwärtig auch in Europa diskutierten Einführung einer Erfinderschonfrist, die nur für Publikationen gelten soll, die direkt auf den Erfinder bzw. dessen Rechtsnachfolger zurückgehen).

Wenn nun eine Erfindung von zwei Erfindern unabhängig voneinander entwickelt worden ist – was vor allem in hochkompetitiven Gebieten öfters vorkommt –, so wird in den USA nur demjenigen ein Patent erteilt werden, der die Erfindung als Erster gemacht hat. Entscheidend ist dabei der Zeitpunkt, an dem der Erfinder die Erfindung fertig »konzipiert« hat, das heißt an dem der Erfinder bereits eine klare und realisierbare Vorstellung von der Erfindung hatte. Im Anschluss daran muss der Erfinder auch angemessene, praktisch ununterbrochene Anstrengungen unternommen haben, um die Erfindung in die Praxis umzusetzen, also beispielsweise einen Prototyp zu entwickeln.

Sollte jemand die Erfindung unabhängig vom oben beschriebenen (ersten) Erfinder gleichzeitig entwickelt, aber vor diesem beim Patentamt angemeldet haben, so wird in den USA der »erste« Erfinder in einem so   **167** genannten »Interference«-Verfahren ermittelt. In diesem Verfahren, das äußerst aufwendig und teuer ist, werden von den beteiligten Parteien Beweise vorgelegt, die unter anderem ein möglichst frühes »Konzeptions«-Datum (das heißt Erfindungsdatum) für die jeweilige Partei belegen sollen.

Während früher im »Interference«-Verfahren nur das Datum einer innerhalb der USA getätigten Erfindung zulässig war, mussten die USA im Zuge des TRIPs-Abkommens zugestehen, auch das Erfindungsdatum einer außerhalb der USA getätigten Erfindung anzuerkennen. Es ist also nunmehr möglich, für Erfindungen, die nach dem 1. Jänner 1996 gemacht worden sind, auch ein Erfindungsdatum außerhalb der USA geltend zu machen. Dabei ist allerdings zu beachten, dass die im »Interference«-Verfahren vorgelegten Beweismittel den »US-Standards« entsprechen müssen. So sollten beispielsweise die Aufzeichnungen hinsichtlich der Erfindungsentwicklung glaubwürdig, nachvollziehbar, eindeutig, konsistent und sorgfältig sein (siehe Exkurs: »US-Standards für Laborjournale«).

Eine weitere Besonderheit des US-Systems ist die relative Neuheit, das heißt, dass eine offenkundige Vorbenutzung einer Erfindung, die nicht in den USA erfolgt ist, nicht zum Stand der Technik zu zählen ist (vgl. im Gegensatz dazu Kapitel 4.1).

Die Möglichkeit zur Bekämpfung von erteilten Patenten ist in den USA sehr beschränkt. Ein Antrag auf Nichtigkeit eines US-Patentes ist nur möglich, wenn man bereits wegen Verletzung dieses Patentes geklagt worden ist. In den USA ist zwar eine Art beschränktes Einspruchsverfahren (das so genannte »Reexamination«-Verfahren) vorgesehen. Der Nachteil dieses Verfahrens ist, dass man nur schriftlichen Stand der Technik einbringen kann und – was wahrscheinlich noch schwerwiegender gegen die Einleitung eines solchen Verfahrens spricht – dass ein Ergebnis dieses »Reexamination«-Verfahrens für die am Verfahren beteiligten Parteien bindend für einen Nichtigkeitseinwand in einem späteren Verletzungsverfahren ist. Damit hat man – im Falle des Unterliegens im »Reexamination«-Verfahren – als die wegen Patentverletzung geklagte Partei im Verletzungsverfahren keine Möglichkeit mehr, die Nichtigkeit des Patents im Zuge einer Gegenklage einzuwenden, selbst wenn man in der Zwischenzeit weiteren relevanten Stand der Technik recherchiert hat, der die Nichtigkeit des Patents belegen könnte.

In den USA bestehen für die Patentbeschreibung – bedingt durch einige gerichtliche Entscheidungen, aber auch durch gesetzliche Voraussetzungen – auch andere Voraussetzungen als in anderen Ländern. So ist im US-Patentgesetz vorgesehen, dass neben einer allgemeinen Beschreibung der Erfindung angegeben werden muss, wie – nach Ansicht des Erfinders zum Zeitpunkt der Anmeldung – der beste Weg zur Ausführung der Erfindung aussieht (»Best Mode«-Erfordernis).

Weiters muss die allgemeine Beschreibung der Erfindung nicht nur eine – für den Fachmann verständliche und nachvollziehbare – Darstellung der Erfindung enthalten (»Enabling Disclosure«), sondern eine vollständige schriftliche Offenbarung der Erfindung (»Written Disclosure«-Erfordernis). Das heißt, es reicht nicht aus, dem Fachmann einen Weg aufzuzeigen, wie er zu einer beanspruchten Erfindung kommen kann, sondern es muss auch eine schriftliche Darstellung des Ergebnisses dieses aufgezeigten Weges angegeben werden. Dies ist insbesondere im Bereich der Biotechnologie ein vorrangiges Problem, da hier zwar oft bereits in einem frühen Stadium der Weg zur Durchführung der Erfindung für den Fachmann plausibel dargestellt werden kann, jedoch der Weg bis zum Vorliegen dieses Endergebnisses ein langer ist. Hierbei ist dann ein sorgfältiges Abwägen der bereits vorliegenden (Zwischen-)Ergebnisse mit dem weiteren Zeitplan notwendig und – vor allem – eine genaue Analyse der möglichen Anspruchsfassungen.

Schließlich muss auch darauf hingewiesen werden, dass die Durchsetzung von Patenten in den USA finanziell und strukturell äußerst aufwendig ist, vor allem wegen des obligaten »Discovery«-Verfahrens, in welchem man gezwungen ist, alle eigenen Dokumente über die Erfindung bzw. eventuell potentiellen Verletzungshandlungen gegenüber der anderen Partei offen zu legen, die dann diese Dokumente als Beweismittel verwenden kann. Eine Berufung auf Betriebsgeheimnisse ist dabei nicht (generell) möglich, obgleich zum Beispiel Kommunikationen zwischen (Patent-)Anwalt und Klient nicht offen gelegt werden müssen. Dieses »Attorney-Client«-Privileg gilt aber nicht für firmeninterne Dokumente. Ein Verletzungsverfahren wird in erster Instanz in vielen Fällen vor einer Jury, bestehend aus nicht fachkundigen, zufällig ausgewählten Personen, ausgetragen, wodurch zusätzliche Probleme bei der Verhandlungs- und Beweisführung bei komplexen Technologien verbunden sind.

Exkurs: US-Standards für Laborjournale

Wie zuvor erwähnt, ist es bei allfälligen Verletzungsverfahren – aber auch bei »Interference«-Verfahren – in den USA günstig, wenn die eigenen Aufzeichnungen über die Erfindung den in den US-Entscheidungen aufgezeigten »Standards« entsprechen. Im »Interference«-Verfahren kommt dabei immer wieder den Laborjournalen entscheidende Bedeutung zu.

Diese Laborjournale sollten gebunden sein, wobei die Seiten im Vorhinein nummeriert sein sollen. Damit kann sichergestellt werden, dass keine Seiten nachträglich hinzugefügt oder entfernt werden. Es ist auch empfehlenswert, die Eintragungen im Laborbuch zu datieren und zu unterzeichnen – von Zeit zu Zeit auch durch eine dritte Person, die durch ihre Unterschrift bezeugt, die Eintragungen im Laborbuch gelesen und verstanden zu haben.

Im Übrigen sollten die Eintragungen im Laborbuch permanent (also nicht entfernbar, wie zum Beispiel mit Bleistift) leserlich und vollständig sein.

Grafiken, Zeichnungen, Fotografien oder ähnliche lose Bestandteile sollten ebenfalls in permanenter Weise ins Laborjournal eingefügt werden. Es sollte auch sorgfältig darauf geachtet werden, dass im Laborjournal nur Tatsachen, nicht jedoch subjektive Meinungen und Ansichten wiedergegeben werden, da dies in einem US-Verfahren zu Missinterpretationen von der Gegenseite führen kann.

Schreibfehler und andere zu korrigierende Passagen sollten im Laborjournal nicht ausgelöscht oder unleserlich überschrieben werden, sondern so durchgestrichen werden, dass der durchgestrichene Text noch lesbar ist.

Wenn das Laborjournal ausschließlich elektronisch geführt wird (was im Hinblick auf die vorliegende Problematik aufgrund der einfachen Manipulierbarkeit derartiger Daten nicht unbedingt empfohlen werden kann), sollte zumindest sichergestellt sein, dass eine ausgedruckte Version des Journals in gebundener und unterzeichneter Form aufbewahrt wird.

Die Laborjournale sollten an einem sicheren, nicht allgemein zugänglichen Platz aufbewahrt werden.

Zu guter Letzt ist auch noch darauf hinzuweisen, dass ein gut und sorgfältig geführtes Laborjournal nicht nur zu einer verbesserten Ausgangsposition in US-Verletzungs- und »Interference«-Verfahren führt, sondern auch dem Patentanwalt eine ausgezeichnete Grundlage zur Ausarbeitung von Patentanmeldungen liefert.

15.2 **Japan**

In Japan sind in den letzten Jahren zahlreiche Novellierungen erfolgt, die zu einer erheblichen Verbesserung beim Erhalt und bei der Durchsetzung von Patenten geführt haben.

So sind die Patenterteilungspraxis sowie das Einspruchsverfahren im Wesentlichen an die europäischen Standards angepasst worden: es gelten nunmehr nahezu dieselben Voraussetzungen bei Neuheit (seit kurzem gilt auch in Japan die »absolute« Neuheit, das heißt, auch offenkundige Vorbenutzungen außerhalb Japans können neuheitsschädlich sein), erfinderischer Tätigkeit und bei den Anforderungen an die Patentbeschreibung.

Besonders hervorzuheben sind aber die Verbesserungen, die in Japan hinsichtlich der effizienten Durchsetzung von Patenten getätigt worden sind:

So wurde die Beweislast bei der Berechnung von Schadensersatzsummen im Zuge von Patentverletzungen erheblich erleichtert, wodurch den Patentinhabern nicht nur signifikant größere Summen als Schadensersatz zugesprochen wurden, sondern auch die Beweislast, die zuvor ausschließlich auf den Schultern des Klägers in einem Patentverletzungsverfahren geruht ist, in angemessener Weise auf die beklagte Partei gerichtet.

Insgesamt sind aber auch in Japan Patentverletzungsstreitigkeiten – verglichen mit üblichen kontinentaleuropäischen Verletzungsverfahren – als relativ teuer anzusehen, was nicht zuletzt durch die erforderlichen Übersetzungen der Schriftsätze bedingt ist.

Robert N. Noyces Halbleiterelement

Das 20. Jahrhundert, besonders die zweite Hälfte davon, war geprägt von der Erfindung des Mikrocomputers. Auf dem Weg dorthin war die Entwicklung einer Vielzahl von Erfindungen erforderlich, von denen zumindest drei als wesentliche Meilensteine angesehen werden müssen: die Triode, der Transistor und die integrierte Schaltung. Der wirkliche Durchbruch in dieser Technologie konnte

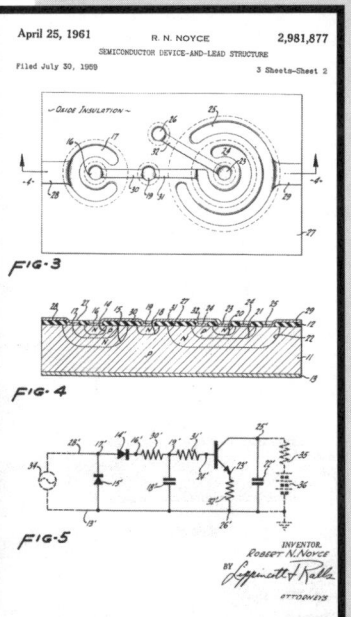

aber erst erzielt werden, nachdem durch die Erfindungen von Robert N. Noyce die Massenanfertigung von Chips ermöglicht wurde. Die »Computergenesis« von der Triode zum Mikrochip begann mit dem Beginn des 20. Jahrhunderts:

Der amerikanische Physiker und Erfinder Lee deForest (1873–1961) interessierte sich bereits während des Studiums für die damals schlagzeilenträchtige, neue drahtlose Telegrafie des Italieners Marconi. Er wollte sich auch nicht mit den üblichen Laborversuchen begnügen, sondern lechzte nach praktischen Anwendungen.

Bereits 1903 gründete er – nach ersten Anfängen als funkberichterstattender Sportreporter – seine erste Firma für drahtlose Telegrafie. Er war ständig bemüht, den Empfang der unsichtbaren Funkwellen zu verbessern. DeForest schloss mit »The Times« in London und der »New York Times« Verträge über Berichte vom Russisch-Japanischen Krieg von 1904/1905 ab und kam damit ins große Geschäft.

Kurz darauf entwickelte deForest seine revolutionäre »Triode«, mit welcher ein enormer Verstärkungseffekt ermöglicht wurde, und ließ sie mit dem US-Patent Nr. 879,532 schützen – dem wohl bedeutendsten seiner über 300 Patente. In der Triode wird ein Elektronengitter aus Draht zwischen den Elektroden einer Diode in einer Elektronenröhre vorgesehen. Dieses Gitter wird schwach mit Gleichspannung vorgespannt. Mit geringfügigen Spannungsänderungen konnte man dann den Elektronenstrom in der Röhre erheblich verändern. Kleine Änderungen der Gitterspannungen hatten sehr große Anodenstromänderungen zur Folge. Das Prinzip des Röhrenverstärkers war geboren.

Einer der ersten Kunden der »Audion«-Röhre – wie deForest seine Röhre nannte – war die US-Marine. Der Einsatz war derartig erfolgreich, dass anstatt der ursprünglich zwei geplanten gleich 20 Schiffe mit Funksprechgeräten von deForest ausgestattet wurden. Es folgten Aufsehen erregende Werbefeldzüge von deForest, zum Beispiel mit einer Rundfunksendung vom Pariser Eiffelturm oder mit einer Funkübertragung eines Auftrittes des Startenors Enrico Caruso live aus einer Oper, welche den Ruhm von deForests Röhre auf der ganzen Welt verbreiteten.

1912/13 wurde eine weitere erstaunliche Eigenschaft der Triode entdeckt, nämlich ihre Eignung zur Erzeugung von elektromagnetischen Schwingungen. Dazu musste nur ein Teil der in der Elektrodenröhre verstärkten Wechselspannung aus dem Anodenkreis in den Gitterkreis zurückgeführt werden. Mit dieser Rückkopplungsspirale war der Weg frei für die Rundfunktechnik. Das Radiozeitalter (»The Radio Days«) konnte beginnen.

Da diese Erfindung auch ein enormer kommerzieller Erfolg geworden war, entbrannte um diese Schaltung ein erbitterter Patentstreit mit anderen konkurrierenden Entwicklern. Diese Patentstreitigkeiten wurden erst 1934 mit einer Entscheidung des US Supreme Courts zugunsten von deForest entschieden, der als einziger wahrer Erfinder anerkannt wurde.

Aber bereits anfangs der vierziger Jahre – also noch inmitten des

boomenden Radiozeitalters – waren sich die Leiter der renommierten Bell Laboratories einig darüber geworden, dass den Elektronenröhren keine große Zukunft mehr beschieden sein würde. Man forderte ein absolut neues Produkt mit erheblich anspruchsloserem Raum- und Energiebedarf. 1946 wurde ein umfangreiches Halbleiter-Forschungsprogramm begonnen. Unter der Leitung des Engländers William B. Shockley (1910–1989) machten sich die Amerikaner Walter H. Brattain (1902–1987) und John Bardeen (1908–1991) zusammen mit einer Gruppe von Physikern, Chemikern und Metallurgen daran, der Elektronenröhre das Licht auszublasen.

1947 gelang es ihnen schließlich, nach langen intensiven Arbeiten den »Transistor« zur Verfügung zu stellen, welcher gegenüber der alten Elektronenröhre nicht nur geringeres Gewicht und Volumen und niedrigeren Energiebedarf, sondern darüber hinaus auch hohe Zuverlässigkeit, geringe Herstellungskosten und längere Lebenszeit aufwies.

Der Transistor besteht aus drei aufeinander folgenden Schichten, an denen je ein Kontakt angelötet ist. In diesen Schichten wird durch Zugabe geringer Mengen von Dotierungsmaterialien ein Elektronenüberschuss (N-Leitung) oder ein Elektronendefizit (P-Leitung) erzeugt. Die Abfolge der Schichten kann »PNP« oder »NPN« lauten, wobei jeweils an der mittleren Schicht (Basis) das zu verstärkende Signal anliegt, welches über 500fach verstärkt werden konnte.

Am 22. Dezember 1947 bauten die Wissenschaftler das neue Element in einen Musikverstärker ein und Brattain notierte den lapidaren Satz »Wenn man die Anlage einschaltete, nahm die Lautstärke merklich zu« in sein Laborjournal – eine kühle Analyse eines der wohl »heißesten« Durchbrüche der Technik. Doch als die Bell Laboratories 1948 die Welt in einer Pressekonferenz in New York City offiziell über die Neuheit informierten, war das Interesse mäßig und löste wenig Begeisterung aus. Die Pressekonferenz war ein wahrer »Rohrkrepierer«. Erst nach jahrelangen Weiterentwicklungen setzte sich der Transistor durch und wurde zum unverzichtbaren Herzstück in nahezu allen Bereichen des Lebens. Auch der später entwickelte integrierte Schaltkreis basiert auf dem Transistor.

Für ihre Untersuchungen über Halbleiter und die Entdeckung des »Transistor-Effekts« erhielten Shockley, Brattain und Bardeen 1956 den Nobelpreis für Physik.

Die Ansprüche der weltweit durchgeführten Patentanmeldungen auf diese Erfindung (siehe u. a. US-Patent Nr. 2,524,035) erwiesen sich als so gut formuliert, dass es praktisch unmöglich war, einen Transistor herzustellen, ohne das Patent zu verletzen. Die Firma AT&T als Inhaberin dieser Patente übte eine sehr liberale Lizenzpolitik aus, indem Lizenzen jedermann frei zugänglich gemacht wurden. Die Lizenzgebühren waren am Umsatz orientiert und betrugen zwischen 0 % und 5 % (neben einer einmaligen Grundgebühr von 25.000,– US-Dollar). Ausgenommen von diesen Lizenzgebühren waren lediglich die Hersteller von Hörgeräten, da sich AT&T ihrem Gründer – Graham Bell, dem Erfinder des Telefons – verpflichtet fühlte, dem der Einsatz für taube Menschen immer ein ganz besonderes Anliegen gewesen war.

Da aber auch der Transistor in elektronischen Geräten stets über Leitungen mit anderen Komponenten verbunden werden musste und sich diese Verbindungen, die meist über Drähte realisiert wurden, in den Vorrichtungen als äußerst fehleranfällig erwiesen, vor allem da die Einzelkomponenten durch ständige Miniaturisierung immer kleiner wurden, war auch hier Handlungsbedarf für Innovationen. So wurde bereits Anfang der fünfziger Jahre die Forderung aufgestellt, elektronische Geräte als massive Blocks ohne Leitungsdrähte herzustellen. Es dauerte aber bis zum Oktober 1958, bevor Jack S. Kilby (*1923) den ersten Chip – also die erste integrierte Halbleiterschaltung – herstellen konnte. Kilby brachte auf einem Germanium-Plättchen integrierte Germanium-Transistoren, -Widerstände und -Kondensatoren unter. Vorher hatten verschiedene Firmen bereits festgestellt, dass sich aus Halbleitern diskrete Widerstände und Kondensatoren fertigen lassen. Auf Kilbys Schaltung erhielt die Firma Texas Instruments unter anderem das US-Patent 3,138,743.

Gleichzeitig mit Kilby hat auch der Amerikaner Robert N. Noyce (1927–1990) ein Verfahren entwickelt, um die Bauelemente innerhalb eines Chips mit der so genannten Planardiffusionstechnik noch viel einfacher miteinander zu verbinden. Dieses Verfahren bestand aus einer Reihe von Maskierungs-, Ätz- und Diffusionsschritten, mit denen ein Silicium-Plättchen bearbeitet wird. Noyce bzw. seiner Firma Fairchild Semiconductor Corporation wurde auf diese Erfindung das US-Patent Nr. 2,981,877 erteilt, welches bis heute die Grundlage von integrierten Schaltkreisen beinhaltet.

Da die Erfindungen innerhalb kürzester Zeit – zwischen dem 6. Feber (Kilby) und dem 30. Juli (Noyce) 1959 – angemeldet wurden, entbrannte ein langwieriger Streit zwischen Texas Instruments und Fairchild um die Rechte am Grundlagenpatent. Die Firmen einigten sich erst im Jahr 1966 darauf, die Klagen gegen die jeweiligen Patente fallen zu lassen und keine Streitigkeiten mehr in dieser Angelegenheit neu zu beginnen.

Somit hatte jede Firma ein Schlüsselpatent. Da allerdings Fairchild jedem Interessenten gegen eine Umsatzbeteiligung von 4 % bis 6 % (neben einer einmaligen Pauschale) Lizenzen erteilte, Texas Instruments hingegen darauf bedacht war, keine Lizenzen zu erteilen, sondern die Erfindung selbst herzustellen und zu vermarkten, kam es aufgrund der von Fairchild gewährten Lizenzen zu einem Boom der Halbleiter-Computer-Industrie, der bis heute anhält.

Noyce gründete 1968 zusammen mit Gordon Moore die Firma Intel – einer der wesentlichen »Players« auf dem Gebiet der Halbleitertechnik.

16 Innovationsmanagement

16.1 Die eigene Idee als Gründungskapital

Es ist durchaus möglich, auf Grundlage einer guten Erfindung ein Unternehmen zu gründen. Das Ziel dieses »Start-up«-Unternehmens ist es natürlich, aus der Erfindung ein oder mehrere marktfähige Produkte zu machen und diese dann tatsächlich herzustellen und zu vermarkten oder von einem Partner herstellen und von diesem oder einem anderen vermarkten zu lassen.

Jede Tätigkeit in einem Unternehmen kostet Geld. Dieses muss zunächst zur Deckung der Kosten beschafft werden. Dann muss dafür gesorgt sein, dass diese Beträge plus dem notwendigen Gewinn eingenommen, sprich verdient werden. Insgesamt muss sich also jede Tätigkeit im Unternehmen »rechnen«. Diese einfache Wirtschaftsgrundregel wird vielfach übersehen oder auf die leichte Schulter genommen. Deshalb gibt es so viele Konkurse.

Die Geldbeschaffung erfolgt in der Regel durch Fremdfinanzierung – Onkel oder Tanten oder Banken waren früher die wesentlichen Kreditgeber; heute erfolgt dies durch »Venture Capitalists«, also Risikofinanzierer, meist in Form eines mit einigen Dutzend Millionen Euro gut dotierten Fonds. Diese geben nicht nur Kredite, sondern beteiligen sich in der Regel auch an Unternehmen und bieten noch einige Zusatzdienste für das Management. Immer mehr Geld wird auf diese Weise für Risikofinanzierungen bereitgestellt. Jedoch wollen alle diese (trotz des Risikos) eine gewisse Sicherheit haben, dass sie ihr Geld mit entsprechender Rendite wieder hereinbekommen. Dafür müssen sie von Jungunternehmern nicht nur vom späteren Markterfolg der Erfindung überzeugt werden. Dies kann nicht mehr nur aufgrund der Eigenschaften der Erfindung erfolgen, sondern muss auch durch einen guten, fundierten Businessplan geschehen. Ein solcher muss die oben angeführte Grundregel im Einzelnen und schrittweise darstellen, die verschiedenen Etappenziele in konkreten Zeiteinheiten angeben und auch die dafür erforderlichen Finanzierungsanforderungen und die verantwortlichen Personen nennen sowie Marktanalysen enthalten.

Anhand des Businessplans trennen die Geldgeber die voraussichtlich **179**

Erfolgreichen von denen, die sie nicht fördern wollen. Von einigen Hundert vorgelegten Projekten kommen vielleicht zwanzig oder dreißig in die darauf folgende »Due Diligence Prüfung«. Die Quote liegt bei einigen wenigen Projekten. Deshalb lesen Sie immer, dass es mehr Geld als Ideen gibt. Das Problem liegt in den Umsetzungsvorschlägen. Wenn diese und die dafür verantwortlichen Personen nicht genügend Sicherheit zur Erreichung der aufgestellten Unternehmensziele bieten, gibt es keine Finanzierung.

Wie Sie einen richtigen Businessplan aufstellen, können Sie einschlägiger Literatur entnehmen oder sich von einem Consulter erläutern lassen. Dieser wird Ihnen auch erklären, dass Geld nur etwa zu einem Viertel eine Rolle spielt. Viel wichtiger ist ein überzeugendes Management als Garant für eine zielgerichtete Durchführung des Projektes. Die besten Erfinder, Entwickler und Ideenbringer brauchen meist einen Kaufmann an ihrer Seite, um für eine Umsetzung in der Realität des Wirtschaftsgeschehens zu sorgen.

Bei der »Due Diligence Prüfung« werden die Fakten und die strategischen, finanziellen, technischen und rechtlichen Aspekte, die hinter dem Businessplan stehen und auf denen er beruht, im Einzelnen überprüft. Dabei spielt das Bestehen von Schutzrechten (außer Patenten und Gebrauchsmustern auch Designrechte (Muster) und Marken) ebenso eine Rolle wie das Vorhandensein von Prototypen, technischen und Markttests, eventuell Vorserienprodukten. Weiters wird in der Regel auch verlangt bzw. vorausgesetzt, dass weiterentwickelt wird und es nicht nur bei einer vorhandenen Ausformung eines Produktes bleibt. Dies spiegelt die wirtschaftliche Notwendigkeit wider, dass ein Unternehmen nur dann erfolgreich sein wird, wenn es weiter innovativ bleibt.

16.2 Von der Idee zur Innovation

Dazwischen liegt die Entwicklung eines serienreifen Produktes. Auch dabei entstehen wertvolle Schutzrechte – wertvoll, weil sie eine konkrete Produktion abdecken und weil sie etwaigen Lizenznehmern den Weg zum erfolgreichen Produkt zeigen.

Klein- und Mittelbetriebe (so genannte KMUs) haben oft nicht genügend technische Ressourcen, um solche Entwicklungen alleine meistern zu können, oft ist auch Wissen aus anderen Gebieten erforderlich. Dies zeigt schon die Notwendigkeit einer Zusammenarbeit mit anderen Firmen oder universitären Einrichtungen an – und dies führt zur Partnersuche (soweit es sich um die Finanzierung handelt: siehe vorheriges Kapitel 16.1).

Heute wird sich diese Partnersuche nicht mehr nur auf das eigene Land beschränken. Die EU fördert die Innovationen dieser KMUs in europäischen Partnerschaften (auch mit Unternehmen aus assoziierten Staaten) durch ein eigenes Programm namens CRAFT (Corporate Research Action for Technology). Dieses wird zum Beispiel in Österreich durch das Büro für Internationale Forschungs- und Technologiekooperation (BIT) in Wien betreut. Für die Partnersuche ist die Ausarbeitung eines Projektes erforderlich und die Eintragung in die Datenbank beim BIT. Natürlich kann jeder Unternehmer die Partner auch selbst finden und das (eventuell mit Hilfe des BIT) richtig ausgearbeitete Projekt selbst bei der Kommission einreichen. Über die Datenbank des BIT können sich österreichische Unternehmen zudem an ausländischen Projekten beteiligen und so schließlich Innovationen für die eigene Nutzung mitentwickeln. Das BIT hat zu diesen Fragen ein neues kostenloses Internet-Service »TechTransonline« eingerichtet, welches Sie unter der Adresse http://www.irca.at ansprechen können.

16.3 Das wichtigste Kapital – die Ideen der Mitarbeiter

In den Köpfen der Mitarbeiter schlummern die besten Ideen für Produktinnovationen und Produktions- und Arbeitsorganisationsverbesserungen. Die Mitarbeiterideen können dadurch genutzt werden, dass kleine Arbeitsgruppen zur Lösung anstehender Probleme gebildet werden, aber auch dadurch, dass Spontanvorschläge gesammelt, ausgewertet und prämiert werden. Die hierfür notwendige Organisation für ein innerbetriebliches Vorschlagswesen und ein Diensterfindungsmeldesystem (siehe Kapitel 8.3.3) sollten von jedem Unternehmen bereitgestellt und deren Nutzung gefördert werden. Jedem Mitarbeiter muss klar sein, dass nur ein kontinuierlicher Verbesserungs- und Innovationsprozess, an dem alle mitwirken und ihre Ideen einbringen, durch Produktionseinsparungen und

Produktionsverbesserungen letztlich den Weiterbestand des Unternehmens am globalen Markt sichert.

Hierfür ist erforderlich, dass jedem Mitarbeiter die Form einer Meldung seiner Ideen klar und leicht verständlich ist (etwa ein jedem am Computer zur Verfügung stehendes Dokument), außerdem sollte es eine (am besten zentrale) Anlaufstelle geben. Hierfür ist aber ebenfalls erforderlich, dass die eingehenden Vorschläge innerhalb kurzer Zeit (höchstens ein bis zwei Monate) bewertet und für die Weiterverfolgung oder Umsetzung vorgeschlagen werden. Die Mitarbeiter müssen erkennen können, dass ihre Ideen für den Betrieb wichtig sind – sie müssen auch verstehen können, warum einmal eine Idee nicht verwertet werden kann. Dies ist oft wichtiger als die jedenfalls zu zahlenden und steuerlich günstig verwertbaren Prämien für Verbesserungsvorschläge und Diensterfindungsvergütungen. Den Führungskräften obliegt die Förderung dieses Systems. Sie tun aber auch gut daran, es zu steuern, zum Beispiel indem sie Themen vorgeben, für die solche Ideen gesucht werden.

Die Mitarbeiterideen tragen heute meist wesentlich zum Erfolg eines Unternehmens bei. Kein Unternehmen sollte sie daher brach liegen lassen.

16.4 Anmeldestrategien

Mit dem Schatz der Erfindungen muss gearbeitet werden, um davon zu profitieren – das bedeutet jedenfalls auch, dass ihr Schutz durch Anmeldungen nachgesucht werden muss.

Wo nun überall ein Patentschutz erstrebenswert ist, hängt von den Zielvorstellungen ab. Dabei muss sich jeder auf die wesentlichen Märkte konzentrieren, denn die Patentierung in einer Vielzahl von Staaten kostet viel Geld, sodass diese strategisch bewusst eingesetzt werden sollte.

Zunächst muss klar sei, dass niemand zur eigenen Herstellung eines Produktes – also für sich selbst – ein Patent braucht. Es genügt hierzu eine frühzeitige (billige) Veröffentlichung, um zu verhindern, dass ein anderer ein solches Patent erteilt bekommt, womit er dann die eigene Produktion behindern könnte. Der Patentschutz ist vielmehr ein Mittel, um am Markt Dritte beherrschen oder beeinflussen zu können.

Diese Ziele können die Absicherung der Kommerzialisierung der eigenen Produkte auf den Märkten, die Lizenzvergabe oder die reine Behinderung der Konkurrenz (Sperrpatente) sein. Die Behinderung wird durch Schutz von Alternativen bewirkt, die selbst nicht vermarktet werden, es der Konkurrenz aber erschwert, mit gleichartigen Produkten auf dem Markt aufzutreten. Bei der Lizenzvergabe ist hier noch zu unterscheiden, ob diese zur besseren Marktdurchdringung als Ergänzung der eigenen Kommerzialisierung dienen soll oder einfach nur zur Gewinnvergrößerung oder zur Ergänzung eines Patentpools.

Sperrpatente meldet man sparsam an, nämlich nur für neuralgische Punkte. Dies sind einerseits die Länder, in denen die zentralen Produktionsstätten der wesentlichen Konkurrenten liegen, insbesondere wenn dies nur eine kleine Zahl ist. Andererseits können dies auch nur wenige Schlüsselmärkte, wie etwa in Europa Deutschland und/oder Frankreich, sein, ohne welche der Konkurrenz eine wirtschaftlich tragfähige Vermarktung nicht möglich sein wird. Diese beschränkte Auswahl ist deshalb möglich, weil eine 100%ige Sperrwirkung in der Regel nicht erforderlich ist, um den eigenen Erfolg abzusichern. Gleichzeitig ist diese Länderauswahl für die Sperrwirkung auch die Minimalauswahl für die anderen Ziele.

Zur Absicherung der eigenen Vermarktung wird man zusätzlich die Struktur der eigenen Absatzmärkte untersuchen. Schließlich bereitet man dort auch den Markt für Konkurrenzerzeugnisse auf. Damit ist es oft auch kleineren Anbietern möglich, im eigenen Fahrwasser schnell zu Erfolgen zu kommen, überhaupt wenn sie das eingeführte (Qualitäts-)Produkt nur auf billigere Weise nachzubauen brauchen. Beruhen solche Befürchtungen auch auf fundierten Fakten, müsste auch auf den wichtigsten Eigenmärkten angemeldet werden.

Will man Lizenzen für eine bessere Marktdurchdringung vergeben, so soll eine solche Lizensierung vor allem auf Märkten erfolgen, die man selbst nicht bearbeitet. Dies sind vor allem jene, in die es schwieriger ist einzudringen, wie Japan, Korea (wegen seiner Eigenheiten) oder die USA (wegen ihrer Größe). Eine Lizenzvergabe ohne Patentschutz ist kaum möglich. Daher muss in den Ländern, in denen die Vermarktung durch Lizenzvergabe vergrößert werden soll, jedenfalls auch angemeldet werden.

Gleiches gilt für eine Lizenzvergabe zur Gewinnvergrößerung. Überall dort, wo man sich ausreichend hohe Gewinne erhoffen kann, wo also gewichtige mögliche Lizenznehmer tätig sind, muss angemeldet werden.

183

Ist der Patentanmelder allerdings Teilnehmer an einem Lizenzpool, wird er jedenfalls seine neuen Patente in diesen einbringen. Hierfür genügt aber – wenn nicht zusätzlich einer der anderen Gründe vorliegt – die Patentierung in einer engen Auswahl neuralgischer Staaten ähnlich wie bei einem Sperrpatent.

16.4.1 Kosten

Einer der ganz wichtigen Faktoren zur Festlegung einer Patentstrategie sind die Patentierungskosten.

Die Patentierungskosten setzen sich aus externen und internen Kosten zusammen. Die internen Kosten pro Schutzrecht sind meist schwierig festzustellen, da sie vor allem davon abhängen, ob eine interne Patentabteilung zusammen mit dem Erfinder die Erfindung bereits charakterisiert und für den Patentanwalt aufbereitet hat oder ob der Erfinder direkt mit dem Patentanwalt kommuniziert. Im ersten Fall müssen die Kosten der Patenterteilung anteilig als interne Kosten berechnet werden; im zweiten Fall sind lediglich die Aufwendungen des Erfinders bestimmend.

Die externen Kosten setzen sich – bei einer international zu schützenden Erfindung – aus einer Reihe von Kostenfaktoren zusammen. Die wichtigsten sind:

▶ Amtsgebühren (Anmelde-, Recherchen-, Prüfungs-, Erteilungs- und Jahresgebühren – neben einer Reihe anderer möglicher Amtsgebühren);
▶ Übersetzungskosten;
▶ Patentanwaltshonorare.

Nach den Berechnungen des Europäischen Patentamtes liegen die Anteile dieser Kosten bei einem durchschnittlichen europäischen Patent (8 EPÜ-Staaten, Laufzeit zehn Jahre) bei Gesamtkosten von rund 30.000,– Euro, bei 40 % bis 45 % Amtsgebühren, bei 40 % Übersetzungskosten und 15 % bis 20 % Patentanwaltsgebühren.

Hervorzuheben ist, dass sich vor allem die Übersetzungskosten nach dem inhaltlichen Umfang des Schutzrechtes richten.

Die Kosten, die für die – weltweite – Patentierung einer Erfindung auflaufen können, sind schwer im Vorhinein zu veranschlagen; wichtige Faktoren sind dabei die Zahl und Art der Länder, in denen angemeldet werden soll, die Frage, ob das Prüfungsverfahren einfach sein wird oder die

Erteilung intensive Diskussionen mit dem amtlichen Prüfungsorgan bedarf, und – wie schon erwähnt – der Umfang der Anmeldung.

Während man für eine nationale Erstanmeldung rund 2.000,– bis 4.000,– Euro an externen Kosten veranschlagen muss, ist für eine PCT-Anmeldung (basierend auf einer nationalen Ersteinreichung) mit etwa 3.500,– bis 5.000,– Euro zu rechnen. In den weiteren 18 Monaten der internationalen Phase der PCT-Anmeldung laufen dann nur mehr die Kosten für die internationale vorläufige Prüfung auf, die – je nach Intensität der Diskussionen mit dem Prüfungsorgan – in der Regel zwischen 2.000,– Euro (wenn kein Bescheid herausgegeben wird und gleich ein positiver Prüfungsbericht erstellt wird) und etwa 5.000,– Euro (wenn ein bis zwei Bescheide beantwortet werden müssen und eventuell eine Diskussion mit dem Prüfer beim Amt stattfindet) betragen.

Insgesamt ergeben sich somit für die ersten 30 Monate der »internationalen Phase« der Erfindung externe Kosten im Umfang von etwa 7.000,– bis 13.000,– Euro.

Die Kosten der Nationalisierung/Regionalisierung (gleich, ob sie im Rahmen einer PCT-Anmeldung innerhalb von 30 Monaten erfolgt oder schon innerhalb von 12 Monaten, also innerhalb des Prioritätsjahres) sind – wie oben erwähnt – vor allem vom Umfang der Anmeldung und von der Art und Anzahl der Länder abhängig. Auch kommen bei Auslandsanmeldungen die Kosten des dortigen Patentvertreters zu den externen Kosten hinzu.

Die externen Gesamtkosten für eine durchschnittliche (rund 20 bis 30 Seiten Text) Auslandsanmeldung liegen zwischen 2.000,– und etwa 8.000,– Euro, wobei die Kosten in den USA und in Japan eher in der oberen Bandbreite dieses Vergleiches liegen, wohingegen Länder, in denen keine (zusätzliche) Übersetzung benötigt wird, eher im unteren Bereich liegen. Beispielsweise ist für die USA, Kanada, Australien, Großbritannien, Irland und andere englischsprachige Länder die englische Übersetzung nur einmal notwendig.

Die externen Kosten für die Prüfungsphase solcher Auslandsanmeldungen schwanken – je nach Arbeitsaufwand des Patentanwalts – durchschnittlich zwischen 1.000,– und etwa 4.000,– Euro pro Bescheid.

Für die Erteilung sind in vielen Ländern ebenfalls Gebühren vorgesehen, die sich auch nach dem Umfang der Anmeldung richten können – in der Regel aber 1.000,– bis etwa 2.000,– Euro selten übersteigen.

Die Aufrechterhaltungsgebühren (Jahresgebühren) sind am Anfang meist niedrig und steigen mit zunehmender Schutzdauer an (zum Beispiel Deutschland 59,– Euro für die 3. Jahresgebühr, 1.940,– Euro für die 20. Jahresgebühr).

Noch schwieriger abzuschätzen sind die Kosten der Rechtsdurchsetzung, das heißt die Kosten, die in einem Patentverletzungsprozess auflaufen können, wobei in vielen Ländern die Kosten für einen derartigen Prozess auch von der Streitsumme abhängen. Beispielsweise muss man für einen Patentverletzungsstreit in Österreich mit mindestens 10.000,– bis etwa 20.000,– Euro in der ersten Instanz rechnen (die weiteren sind billiger), in den USA sind dagegen Kosten von 1 Mio. Euro (bzw. US-Dollar) keine Seltenheit.

Hier ein kurzes Beispiel für den ungefähren externen Kostenrahmen (in Euro, gerundet auf 500er), den eine Patentierung einer Erfindung (bis zur Erteilung) ausgehend von einer nationalen Erstanmeldung über die PCT-Route mit sich bringen kann.

Eine circa 20 bis 30 Seiten lange Patentanmeldung mit zehn Ansprüchen soll beim Europäischen Patentamt, in den USA, in Japan, in Australien und in Kanada geschützt werden:

	Anmeldung + Prüfungsantrag	Übersetzung	Prüfungsbescheid + Erledigung	Erteilung	Gesamt
Nationale Erstanmeldung in AT, DE oder CH	3.000 *	--	1.000	500	4.500
PCT-Anmeldung	6.000	--	1.500	--	7.500
EP-Anmeldung	4.000	--	1.500	1.000	6.500
US-Anmeldung	4.000	1.500	3.000	1.500	10.000
JP-Anmeldung	3.000	2.000	2.000	--	7.000
CA-Anmeldung	3.000	--	1.500	500	5.000
AU-Anmeldung	3.000	--	1.500	500	5.000
Gesamt:	26.000	3.500	12.000	4.000	45.500

* hier sind auch die Kosten der Ausarbeitung des Anmeldungstextes enthalten

Gary Mullis' Polymerase-Kettenreaktion

Es war Freitagabend im Frühling 1983, als der Biochemiker Gary Mullis (*1944), Wissenschaftler bei der US-Firma Cetus, in der Gegend von Mendocino, Kalifornien, mit seinem Auto eine Küstengebirgsstraße hinauffuhr und neben ihm eine Freundin schlief (oder auch nicht?), als ihm die Idee seines Lebens einfiel: Die Polymerase-Kettenreaktion (Polymerase Chain Reaction – PCR), die die

gesamte Gentechnik revolutionierte, für die er im Jahr 1993 den Nobelpreis für Chemie erhielt und mit der unzählige Mannjahre an biotechnologischen Arbeiten eingespart werden konnten.

Die Patente an der PCR-Technologie (siehe z. B. EP-Patent 0 201 184 B1) konnten 1991 für die unglaubliche Summe von 300 Millionen US-Dollar von Cetus an die Pharmafirma Hoffmann La Roche verkauft werden.

Mit dem PCR-Verfahren ist es möglich geworden, ausgehend von einem einzigen Molekül an Erbsubstanz (DNA) innerhalb kürzester Zeit 100 Milliarden Kopien eines beliebigen Abschnittes dieser DNA zu erzeugen. Neben den Vereinfachungen im Laboralltag der Wissenschaftler ermöglicht das PCR-Verfahren unter anderem die schnelle Analyse von Gewebeproben von kranken Personen, vom Blutstropfen am Ort einer Gewalttat, aber auch von DNA aus einem mumifizierten Leichnam, aus konservierten Mammut-Zellen oder gar aus konservierten Dinosaurier-Zellen. Mit PCR wird heute auch der so genannte »genetische Fingerabdruck« bei Kriminalfällen und auch bei Verwandtschaftsfragen erstellt.

Die PCR-Technologie war es auch, die die Phantasie von Michael Chrichton schließlich zu »Dino-Park« oder »Lost World« inspirier-

te, welche von Steven Spielberg als »Jurassic Park« verfilmt wurde, wodurch diese Technologie auch einem allgemeinen Publikum präsentiert wurde.

Das PCR-Verfahren nutzt in genial einfacher Weise die Besonderheiten er Erbsubstanz und der Maschinerie, mit der die Zelle selbst diese Erbsubstanz kopiert, aus – nur ist das PCR-Verfahren zigmal schneller als eine herkömmliche Zelle.

Gary Mullis, der es seit seinem Universitätsabschluss 1972 in Berkely, Kalifornien, nie lange an einem Arbeitsplatz ausgehalten hatte und dem auf seiner angesprochenen Autofahrt gerade diese Idee seines Lebens gekommen war, hielt an jenem Frühlingsabend 1983 seinen Wagen an, kramte Bleistift und Papier aus seinem Handschuhfach hervor, skizzierte seine Gedanken und jubelte seiner schlaftrunkenen Freundin zu: »Du wirst es nicht glauben, es ist unfassbar!« Diese beschwerte sich allerdings schläfrig über den unnötigen Zwischenstopp, schlief umgehend wieder ein und ignorierte so die große Sternstunde ihres Chauffeurs.

Für die Firma Hoffmann La Roche – aber auch für den gesamten Bereich der Biotechnologie – erwies sich das PCR-Verfahren als die wichtigste Erfindung seit der Entwicklung von Stanley Cohen und Herbert Boyer (Herstellung rekombinanter DNA/Genmanipulation), die – vor allem auch getragen durch eine liberale Patentpolitik von Hoffmann La Roche – zu einer enormen kommerziellen Umsetzung im Bereich der Biotechnologie führte.

Auch eines der »Mammutprojekte« des ausgehenden 20. Jahrhunderts konnte erst mit Hilfe der PCR verwirklicht werden, nämlich die vollständige Entschlüsselung des menschlichen Genoms.

17 Adressen der Patentämter und Patentanwaltsverbände

Die jeweiligen Patentämter und Patentanwaltsverbände erteilen Ihnen gratis eine erste Auskunft über die notwendigen Schritte zum Schutz Ihrer Erfindungen.

Österreich

Patentamt:

Österreichisches Patentamt
Kohlmarkt 8–10
A-1010 Wien

Telefon	+43-(0)1/5 43 24-0
Fax	+43-(0)1/5 34 24-520
E-Mail	ingrid.weidinger@patent.bmwa.gv.at
Internet	http://www.patent.bmwa.gv.at
Telex	136 847

Bankverbindung PSK, Postscheckkonto 5.160.000

Patentanwälte:

Österreichische Patentanwaltskammer
Museumstraße 3
A-1070 Wien

Telefon	+43-(0)1/5 23 43 82
Fax	+43-(0)1/5 23 43 82-15
E-Mail:	pak@patentanwalt.at
Internet:	http://www.patentanwalt.at

Deutschland

Patentamt:

Deutsches Patent- und Markenamt
Zweibrückenstraße 12
D-80297 München

Telefon   +49-(0)89/21 95-0
Fax   +49-(0)89/21 95-2221
E-Mail   info@dpma.de – Vorbereitung von Anmeldungen
                 post@dpma.de – alle anderen Angelegenheiten
Internet   http://www.dpma.de

Deutsches Patent- und Markenamt
Dienststelle Berlin
Gitschiner Straße 97–103
D-10958 Berlin

Telefon   +49-(0)30/2 59 92-0
Fax   +49-(0)30/2 59 92-404

Bankverbindung   AGB POSTBANK München
                 79191-803 (BLZ 700 100 80)
                 Landeszentralbank München
                 700 010 54 (BLZ 700 000 00)

Patentanwälte:

Deutsche Patentanwaltskammer
Tal 29
D-80331 München

Telefon   +49-(0)89/24 22 78 0
Fax   +49-(0)89/24 22 78 24
Internet   http://www.patentanwaltskammer.de

Schweiz

Patentamt:

Eidgenössisches Institut für Geistiges Eigentum
Einsteinstraße 2
CH-3003 Bern

Telefon	+41-(0)31/3 25 25 25
Fax	+41-(0)31/3 25 25 26
Internet	http://www.ige.ch
Telex	912 805 bage ch

Bankverbindung PSK, Postscheckkonto Bern 30-4000-1

Patentanwälte:

VESPA
CH-3000 Bern 25

Telefon	+41-(0)31/3 35 20 00
Fax	+41-(0)31/3 32 81 59

VIPS/ACBIS
CH-4002 Basel

Telefon	+41(0)61/3 24 23 88
Fax	+41(0)61/3 24 84 84
E-Mail	paul_georg.maue@group.novartis.com
Internet	http://members.aol.com/ACBIS

VSP/ASCPI
CII-1226 Genève-Thônex

Telefon	+41(0)22/3 48 49 89
Telefax	+41(0)22/3 48 49 38
Internet	http://www.vsp.ch

Europäisches Patentamt

Europäisches Patentamt
Informationsstelle
Erhardtstraße 27
D-80331 München

Telefon	+49-(0)89/23 99-0
Fax	+49-(0)89/23 99-4465
E-Mail via	http://www.european-patent-office.org/mail/index.htm
Internet	http://www.european-patent-office.org
Telex	523 656 epmu d

Europäisches Patentamt
Zweigstelle Den Haag
Informationsstelle
Patentlaan 2
Postbus 5818
NL-2280 HV Rijswijk

Telefon	+31-(0)70/3 40 20 40
Fax	+31-(0)70/3 40 30 16
E-Mail	infohague@epo.e-mail.com
Telex	31 651 epo nl

Europäisches Patentamt
Dienststelle Berlin
Informationsstelle
Gitschinenstraße 103
D-10969 Berlin

Telefon	+49-(0)30/2 59 01-0
Fax	+49-(0)30/2 59 01-840

Europäisches Patentamt
Dienststelle Wien
Informationsstelle
Rennweg 12
Postfach 90
A-1031 Wien

Telefon	+43-(0)1/5 21 26-0
Fax	+43-(0)1/5 21 26-5491
E-Mail via	http://www.european-patent-office.org/mail/index.htm
Telex	36 337 inpa a

Bankverbindung   Dresdner Bank 3 338 800 00 (BLZ 700 800 00)
Postbank München 300-800 (BLZ 700 100 80)
sowie Konten in den einzelnen Vertragsstaaten

World Intellectual Property Organization (WIPO)

International Bureau of the WIPO
34, chemin des Colombettes
CH-1211 Genf 20

Telefon	+41-(0)22/7 30 91 11
Fax	+41-(0)22/7 40 14 35
E-Mail	wipo.mail@wipo.int
Internet	http://www.wipo.org
Telex	412 912 ompi ch

Bankverbindung   PCT-Gebühren werden über die Anmeldeämter
bezahlt.

Eine einfache Informationsquelle zu Rechtsanwälten, Patentanwälten, Notaren, aber auch zu Gerichten und zu einigem mehr stellt das Internet-Rechtsinformationssystem Jusline dar:

für Österreich	http://www.jusline.at
für Deutschland	http://www.jusline.de
für die Schweiz	http://www.jusline.ch
für Liechtenstein	http://www.jusline.li

Stanley Cohens und
Herbert Boyers Genmanipulation

In den frühen siebziger Jahren gelang es Stanley Cohen von der Stanford University und Herbert Boyer von der University of California, San Francisco, erstmals, rekombinante DNA herzustellen. Dabei konnten sie in ein kreisförmiges Stück Erbmaterial eines Bakteriums durch Schneiden mittels molekularer DNA-Scheren ein lineares DNA-Element aus einem völlig anderen Bakterium, welches die Erbinformation für eine Antibiotika-Resistenz trug, einsetzen. Dieses neu geschaffene kreisförmige Genkonstrukt führten sie wieder in das erste Bakterium ein und siehe da: das ursprünglich nicht antibiotikumresistente Bakterium konnte nun auf Nährböden, welche für das Bakterium normalerweise tödliche Konzentrationen an Antibiotika aufwiesen, munter wachsen und gedeihen.
Cohen und Boyer publizierten ihre Ergebnisse in wissenschaftlichen Fachjournalen, ohne zunächst an eine Patentierung ihrer Erfindung zu denken. Es wäre auch beinahe nie zu einer Patentanmeldung gekommen, da die Erfinder es verabsäumt hatten, die kommerzielle Wichtigkeit ihrer Erfindung den Patentabteilungen ihrer Universitäten mitzuteilen. Sie konnten einfach keine kommerzielle Relevanz erkennen. Erst als der Patentbeauftragte der Stanford University, Nils Reimers, durch einen Artikel in der New York Times auf die neuartige Technologie, die durch »seine« Wissenschaftler

geschaffen worden war, aufmerksam gemacht wurde, sorgte er in Windeseile für eine Patentanmeldung, nur eine Woche vor Ablauf der letztmöglichen Frist, die in den USA ein Jahr nach der ersten Publikation der Erfindung durch den Erfinder endet.

Die Annahme von Cohen und Boyer, dass sich die Erfindung nicht verwerten lassen könnte, sollte eindrucksvoll widerlegt werden. An den auf diese Erfindung erteilten Patenten (US-Patente Nr. 4,237,224 und 4,468,464) vergaben die Stanford University und die University of California in weiterer Folge Lizenzen an rund 200 Firmen, größtenteils an die wie Pilze aus dem Boden schießenden Gentechnologie-Firmen. Der Wert der beiden Patente wurde im Jahr 1989 bereits auf über 1 Milliarde Dollar geschätzt. Die Erfindung von Cohen und Boyer führte zur Gründung eines völlig neuen Industriezweiges, der Gentechnik.

Vor allem im Pharmabereich wurde die Gentechnik bald zur Schlüsseltechnologie mit einem Umsatz von 15 Milliarden Dollar für das Jahr 1996 und einem erwarteten Umsatz von 50 Milliarden Dollar für das Jahr 2000, alles nur in den USA. Für den Weltmarkt aller biotechnischen Produkte wird ein Wachstum auf fast 300 Milliarden Dollar Umsatz im Jahr 2000 prognostiziert, woran die Erfinder aber nicht teilhaben können, da keine Patente im Ausland angemeldet wurden.

Angesichts der enormen Entwicklungskosten in diesem Bereich haben Patente in der Gentechnologie eine grundlegende Bedeutung zum Schutz von Innovationen gegen Nachahmung.

18   Förderungsmöglichkeiten

Für Österreich und Deutschland ist mit der Mitgliedschaft in der **EU** an erster Stelle möglicher Förderungen für Forschungs- und Entwicklungsprojekte das Innovationsprogramm der Europäischen Kommission zu nennen (vgl. Kapitel 16.2). Grundvoraussetzung für eine Teilnahme an EU-Programmen ist die Zusammenarbeit mit einer Partnerfirma aus einem anderen Mitgliedsstaat der EU oder eines teilnahmeberechtigten Staates (Island, Liechtenstein, Norwegen und Israel). In diesem Zusammenhang ist auch das EU-Informations-Service CORDIS zu nennen, wo in neun verschiedenen Datenbanken Informationen über Ausschreibungen, aktuelle und abgeschlossene Projekte, Partnersuche und vieles mehr zu finden sind. CORDIS-Dienste sind über das Internet unter http://www.cordis.lu kostenlos zugänglich. Detailliertere Informationen sind über die EU-Verbindungsbüros für Forschung und Technologie zu erhalten. Die jeweiligen Ansprechpartner bzw. Kooperationspartner sind auf der oben angegebenen Homepage von CORDIS im jeweils aktuellen Stand zu finden.

In **Österreich** ist das entsprechende »Innovation Relay Center« (IRC) das BIT in Wien mit seinen regionalen Partnern APS Graz, ATTAC Innsbruck und CATT Linz :

> **BIT – Büro für Internationale**
> **Forschungs- und Technologiekooperation**
> Wiedner Hauptstraße 76
> A-1040 Wien

Telefon	+43-(0)-1/5 81 16 16 0
Fax	+43-(0)-1/5 81 16 16 16
E-Mail	bit@bit.ac.at
Internet	www.irca.at

Für **Österreich** ist hinsichtlich einer möglichen Patentförderung auch noch hinzuweisen auf die Patentkreditförderungsaktion der

Innovationsagentur Gesellschaft m.b.H.
Taborstraße 10
A-1020 Wien

Telefon	+43-(0)1/2 16 52 93-0
Fax	+43-(0)1/2 16 52 93-99
E-Mail	innov@innovation.co.at
Internet	http://www.innovation.co.at

Die Innovationsagentur wurde 1984 gegründet und ist als Non-Profit-Unternehmen zu verstehen, welches Ideen unterstützt. Die Patentförderung der Innovationsagentur ist möglich für Kleinbetriebe mit Sitz in Österreich, welche im Jahresschnitt nicht mehr als 30 Arbeitnehmer beschäftigen sowie entweder einen Jahresumsatz von nicht mehr als 30 Mio. ATS aufweisen oder eine Bilanzsumme von nicht mehr als 15 Mio. ATS erreicht haben. Weiters ist eine Patentförderung für Erfinder und Erfinderinnen bzw. Patentanmelder und Patentanmelderinnen mit ordentlichem Wohnsitz in Österreich möglich. Förderbar sind alle Kosten, die im Zusammenhang mit einer Patent- und Gebrauchsmusteranmeldung im Ausland entstehen, und zwar in Form von Zuschüssen zu Bankkrediten und Darlehen. Der Förderungsantrag sollte vor der Auslandsanmeldung eingebracht werden, das heißt spätestens zehn Monate nach der österreichischen Anmeldung (die Prioritätsfrist beträgt bekanntlich zwölf Monate). Dem Antrag muss eine österreichische Patent- oder Gebrauchsmusteranmeldung zugrunde liegen, deren Priorität in den Anmeldungen im Ausland in Anspruch genommen wird.

Eine breite Palette von Förderungen, insbesondere durch Kredite und Zuschüsse für industriell-gewerbliche Forschungs- und Entwicklungsprojekte, bietet der Forschungsförderungsfonds für die gewerbliche Wirtschaft (FFF) an. Über diesen sind auch die Förderungen gemäß dem Innovations- und Technologiefondsgesetz (ITFG) zugänglich, das auch ein Seed-Financing-Programm zur Förderung von Unternehmensgründungen enthält. Der FFF berät auch Klein- und Mittelbetriebe bei der Teilnahme an EG-Forschungsprogrammen.

Auskunft und Beratung sind erhältlich beim

**Forschungsförderungsfonds
für die gewerbliche Wirtschaft**
Kärntner Straße 21–23
A-1015 Wien

Telefon	+43-(0)1/5 12 45 84
Fax	+43-(0)1/5 12 45 84-41
E-Mail	mailbox@fff.co.at
Internet	http://www.fff.co.at

Zu Förderungsmöglichkeiten in der **Schweiz** wird auf die zuständigen nationalen Stellen, zum Beispiel das Eidgenössische Institut für Geistiges Eigentum (Kontaktadresse siehe Kapitel 17), sowie auf die Verbände schweizerischer Patentanwälte (Kontaktadresse siehe Kapitel 17) verwiesen.

Hinsichtlich **Deutschland** wird nochmals auf die Website www.cordis.lu verwiesen.

Literatur

Österreich

Zeitschriften:

ÖPbl	Österreichisches Patentblatt, Österreichisches Patentamt, Eigenverlag
ÖBl	Österreichische Blätter für gewerblichen Rechtsschutz und Urheberrecht, Manz'sche Verlags- und Universitätsbuchhandlung
ecolex	Fachzeitschrift für Wirtschaftsrecht, Manz'sche Verlags- und Universitätsbuchhandlung
RdW	Österreichisches Recht der Wirtschaft, Verlag Orac

Bücher:

Friebel, Pulitzer: Österreichisches Patentrecht, Das materielle Recht, Carl Heymanns Verlag KG

Schönherr, Thaler: Entscheidungen zum Patentrecht, Manz'sche Verlags- und Universitätsbuchhandlung

Schönherr: Gewerblicher Rechtsschutz und Urheberrecht, Grundriss allgemeiner Teil, Manz'sche Verlags- und Universitätsbuchhandlung

Kucsko: Österreichisches und europäisches Wettbewerbs-, Marken-, Muster und Patentrecht, Manz'sche Verlags- und Universitätsbuchhandlung

Puchberger, Jakadofsky: Gebrauchsmusterrecht, Verlag Österreich, Österreichische Staatsdruckerei

Deutschland

Zeitschriften:

GRUR Int.	GRUR International, Gewerblicher Rechtsschutz und Urheberrecht, Internationaler Teil, VCH Verlagsgesellschaft (www.intellecprop.mpg.de)
GRUR	GRUR, Gewerblicher Rechtsschutz und Urheberrecht, VCH Verlagsgesellschaft (www.vchgroup.de)
Blatt f. PMZ	Blatt für Patent-, Muster- und Zeichenwesen, Deutsches Patentamt, Carl Heymanns Verlag
Mitt	Mitteilungen der deutschen Patentanwälte, Carl Heymanns Verlag

Bücher:

Benkard:	Patentgesetz, Gebrauchsmustergesetz, Verlag C. H. Beck
Schulte:	Patentgesetz mit europäischen Patentübereinkommen, Carl Heymanns Verlag
Bühring:	Gebrauchsmustergesetz, Carl Heymanns Verlag
Bruchhausen:	Patent-, Sortenschutz- und Gebrauchsmusterrecht, Schaeffers Grundriss, Verlag R. v. Decker & C. F. Müller

Schweiz

Zeitschriften:

PMMBl.	Schweizerisches Patent-, Muster- und Modell-Blatt, Bundesamt für geistiges Eigentum (Herausgeber)

Bücher:

Troller:	Immaterialgüterrecht, Verlag Helbig & Lichtenhahn
Ruede:	Schweizerisches Patentrecht, Schulthess Polygraphischer Verlag

Blum, Pederazzini: Das schweizerische Patentrecht, Verlag Stämpfli & Cie.

EPÜ

Zeitschriften:

Amtsblatt EPA   Amtsblatt des Europäischen Patentamtes, Europäisches Patentamt (Herausgeber)

Bücher:

Singer/Stauder: Europäisches Patentübereinkommen, Carl Heymanns Verlag, 2. Auflage

EPÜ: Europäisches Patentübereinkommen, Europäisches Patentamt (Herausgeber)

EPÜ-Rechtsprechung: Rechtsprechung der Beschwerdekammern des EPA, Europäisches Patentamt (Herausgeber)

Jehan: European Patent Decisions, GAON Publishing

Preu, Brandi-Dohrn,Gruber: Europäisches und internationales Patentrecht, Verlag C. H. Beck

Gall: Die europäische Patentanmeldung und der PCT in Frage und Antwort, Carl Heymanns Verlag

PCT

Zeitschriften:

PCT Newsletter   The World Intellectual Property Organization, Genf (www.wipo.int)

Bücher:

PCT: Vertrag über die internationale Zusammenarbeit auf dem Gebiet des Patentwesens (PCT) und Ausführungsordnung zum Vertrag über die internationale Zusammenarbeit auf dem Gebiet des Patentwesens, WIPO (Herausgeber)

PCT-Leitfaden: PCT-Leitfaden für Anmelder, Carl Heymanns Verlag

Preu, Brandi-Dohrn, Gruber: Europäisches und internationales Patentrecht, Verlag C. H. Beck

Gall: Die europäische Patentanmeldung und der PCT in Frage und Antwort, Carl Heymanns Verlag

Bücher zur Rolle von Patenten
in der Technik-Geschichte

Propyläen: Technik Geschichte
Aasimer: 500.000 Jahre Erfindungen und Entdeckungen, Bech-
                terminz Verlag
Hughes: Die Erfindung Amerikas, Verlag C. H. Beck
Diebold: Innovators, Econ Verlag
Welte: Der Schutz von Pioniererfindungen, Carl Heymanns
                Verlag

GLOSSAR

Älteres Recht:
Eine Patentanmeldung stellt dann für eine später eingereichte Anmeldung ein »älteres Recht« dar, wenn die Veröffentlichung der früheren Anmeldung erst nach dem Anmelde- oder Prioritätstag der späteren Anmeldung erfolgt ist. Der (gesamte) Inhalt der früheren Anmeldung ist dann Stand der Technik zur Beurteilung der Neuheit der späteren Anmeldung, nicht jedoch für die Beurteilung der erfinderischen Tätigkeit. In den USA gilt diese Besonderheit jedoch nur für ältere Rechte, die denselben Anmelder betreffen (daher ist auch der Ausdruck »älteres Recht« nicht üblich).

Anmelder:
Dies ist der Besitzer der Anmeldung, also derjenige, in dessen Namen die Anmeldung eingereicht wird. Der rechtmäßige Anmelder kann nur der Erfinder oder dessen Rechtsnachfolger sein. Das Patentamt prüft jedoch bei der Anmeldung nicht nach, ob der Anmelder der rechtmäßige Anmelder ist.

Anmeldung:
Sie besteht aus einem Antrag, einer Beschreibung (ggf. mit Zeichnung/en), Ansprüchen und einer Zusammenfassung. Mit »Anmeldung« wird auch der Status der Erfindung zwischen dem Anmeldetag und der Erteilung bezeichnet. In diesem Zustand besteht noch kein (voller) Patentschutz. Nach der Veröffentlichung der Anmeldung besteht ein provisorischer Schutz, der sich in den meisten Staaten aber für Dritte, die die Erfindung benutzen, lediglich auf die Notwendigkeit zur Zahlung einer Lizenzgebühr am beanspruchten Erfindungsgegenstand beschränkt.

Anspruch:
Rechtliche Definition des Monopols, das für eine Erfindung erteilt werden soll (in einer Anmeldung) bzw. erteilt worden ist (in einem Patent).

Äquivalenz(bereich):
Umfang des Patentschutzes, der über den Wortlaut der Ansprüche hinausreicht, aber von einem Fachmann als von der beanspruchten Erfindung als mitumfasst angesehen wird.

Beschwerde:
Möglichkeit zur (rechtlichen) Überprüfung einer erstinstanzlichen Entscheidung, zum Beispiel einer Prüfungsabteilung oder einer Einspruchsabteilung.

Dienst(nehmer)erfindung, auch Arbeit(nehmer)erfindung:
Erfindung, die ein Dienstnehmer (Arbeitnehmer) im Zuge seiner Tätigkeit in einem Unternehmen gemacht hat und die er (gemäß Gesetz oder Vertrag) an den Dienstgeber (Arbeitgeber) zu übergeben hat, wenn dieser die gemeldete Erfindung in Anspruch nimmt.

Durchsetzung:
Dies ist das (rechtliche) Vorgehen des Patentinhabers oder anderer berechtigter Personen gegen Dritte, die unberechtigterweise die durch ein Patent oder Gebrauchsmuster geschützte Erfindung betrieblich benutzen.

Einspruch:
Verfahren, mit welchem sich Dritte gegen die Erteilung von Patenten in einem (gegenüber Verletzungs- oder Nichtigkeitsverfahren vor Gericht) vereinfachten Verfahren Einwendungen erheben können. Im Einspruchsverfahren hat der Einsprecher Parteienstatus.

Erschöpfung:
Dies ist der Verlust des ausschließlichen Verfügungsrechtes des Patentinhabers, nachdem der Gegenstand des Patents vom Patentinhaber selbst oder mit seiner Zustimmung auf den Markt gebracht worden ist. Ein Schutzrecht kann demgemäß nicht jemandem vorgehalten werden, der einen patentgeschützten Gegenstand vom Patentinhaber oder (berechtigten) Lizenznehmer erstanden hat, sodass dieser den Gegenstand beispielsweise an Dritte weiterverkaufen kann, ohne dass der Patentinhaber sein Patent nochmals geltend machen könnte. Der territoriale Umfang der Erschöpfung ist länderspezifisch – in den EU-Mitgliedsstaaten gilt die Erschöpfung EU-weit; andere Staaten kennen internationale (Australien) oder nationale (USA) Erschöpfung.

Erstanmelder-Prinzip:
Wenn zwei Erfinder dieselbe Erfindung zum Patent anmelden, erhält derjenige das Patent, der die Erfindung zuerst angemeldet hat.

Ersterfinder-Prinzip:
Wenn zwei Erfinder unabhängig voneinander eine Erfindung gemacht haben, erhält derjenige ein Patent, der die Erfindung zuerst gemacht hat (nur in den USA und auf den Philippinen).

Fachmann:
Der Fachmann im Patentrecht ist eine rechtliche »Kunstfigur«, die zwar den gesamten Stand der Technik auf einem bestimmten Gebiet kennt, jedoch nicht in der Lage ist, selbst schöpferisch tätig zu werden.

First-to-File-System:
Siehe Erstanmelder-Prinzip.

First-to-Invent-System:
Siehe Ersterfinder-Prinzip.

Gebrauchsmuster:
Wie das Patent ein Schutzrecht auf Erfindungen; in vielen Ländern sind jedoch die Erfindungen, auf die Gebrauchsmusterschutz erteilt wird, auf bestimmte Gebiete beschränkt. Wird auch das »kleine Patent« genannt, da die erfinderische Tätigkeit in einigen Staaten geringer als ein Patent angesetzt wird.

Gebrauchsmusterverletzung:
Siehe Patentverletzung.

Harmonisierung:
Bestreben, im Bereich des (Patent-)Rechts und der (gerichtlichen) Entscheidungspraxis eine internationale Vereinheitlichung zu erzielen.

»Interference«-Verfahren:
Verfahren in den USA, bei welchem der Ersterfinder ermittelt wird.

Kartell:
Kartelle sind Vereinbarungen, Absprachen, Beschlüsse oder aufeinander abgestimmte Verhaltensweisen (auch Empfehlungen) zwischen wirtschaftlich selbständigen Unternehmen, die geeignet sind, die Erzeugung oder die Marktverhältnisse für den Verkehr mit Waren oder gewerblichen Dienstleistungen durch Beschränkung des Wettbewerbs zu beeinflussen. Diese können horizontal sei, also zwischen Unternehmen der gleichen

Wirtschaftsstufen, wie z. B. zwischen Herstellern gleichartiger Waren, oder zwischen Händlern. Man nennt sie vertikal, wenn sie zwischen Unternehmen verschiedener Wirtschaftsstufen geschlossen werden, also dem Hersteller und seinem Vertriebspartner.

Know-how:
Identifizierbares, geheimes und wesentliches Wissen um bestimmte technische Sachverhalte.

Lizenz:
Einräumung eines Nutzungsrechtes an einem oder mehreren bestimmten Schutzrechten.

Marke:
Grafisch darstellbares Zeichen, mit welchem Produkte oder Dienstleistungen eines Unternehmens von denjenigen anderer Unternehmen unterschieden werden können.

Muster (auch: Geschmacksmuster):
Die Vorlage bzw. das Vorbild für die äußere Erscheinung eines gewerblichen Erzeugnisses; wird meist auch als »Design« bezeichnet.

Nichtigkeit / Nichtigerklärung:
Löschung eines Patents oder Gebrauchsmusters oder Geschmacksmusters nach erfolgreicher Nichtigkeitsklage; die Nichtigerklärung hat (rückwirkende) Wirkung, als ob das Schutzrecht nicht erteilt worden wäre.

Offenkundige Vorbenutzung:
Öffentliches (nicht geheimes) Benützen einer Erfindung vor dem Anmelde- bzw. Prioritätstag der Anmeldung auf diese Erfindung.

Patent:
Gewerbliches Schutzrecht, das dazu dient, andere von der betrieblichen Nutzung eigener Erfindungen auszuschließen, also ein Rechtsinstrument, um sich vor Nachahmungen technischer Entwicklungen schützen zu können. Ein Patent ist ein negatives Ausschließungsrecht – kein positives Nutzungsrecht.

Patentverletzung:
Unberechtigte Benutzung einer patent- oder gebrauchsmustergeschützten Erfindung zu betrieblichen Zwecken.

PCT:
»Patent Cooperation Treaty« (Patent-Zusammenarbeitungsvertrag).
Völkerrechtlicher Vertrag, mit welchem die »internationale« Patentanmeldung (auch »PCT-Anmeldung«) geschaffen wurde. Mit dieser Anmeldung kann eine Option auf eine Patentierung in vielen Hundert Vertragsstaaten erworben werden. Diese Option kann bis zu einem Zeitpunkt, der 30 Monate nach der ersten Priorität der Anmeldung liegt, eingeleitet werden.

Priorität:
Zeitrang eines Schutzrechts.

Prioritätstag:
Datum der ersten Anmeldung einer Erfindung in einem Mitgliedsstaat der PVÜ bzw. des TRIPs-Abkommens.

PVÜ:
Pariser Verbandsübereinkunft.
Ein 1883 erstmals geschlossener, seit damals mehrere Male revidierter Vertrag, mit welchem der Schutz des gewerblichen Eigentums in den Vertragsstaaten geregelt wird. Die PVÜ enthält Regelungen wie Prioritätsbeanspruchung oder Inländerbehandlung (das heißt, dass ein ausländischer Anmelder die gleichen Rechte genießt wie ein inländischer).

Schutzrechtsanmeldung:
Im vorliegenden Zusammenhang eine Patent- und/oder Gebrauchsmusteranmeldung.

Schutzrechtsdauer (Schutzdauer):
Maximal 20 (Patent) bzw. 10 Jahre (Gebrauchsmuster), gerechnet ab dem Anmeldetag.

Stand der Technik:
Die Gesamtheit der (Fach-)Information, von der ein Fachmann vor dem Anmelde- bzw. Prioritätstag Kenntnis nehmen konnte.

Technologietransfer:
Übertragung von Technologie von einem innovativen Partner, der die Technologie erschaffen hat, zu einem Partner, der die Technologie nutzen (verwerten) will.

TRIPs-Abkommen:
Trade Related Aspects of Intellectual Property Rights (Übereinkommen über handelsbezogene Aspekte der Rechte des geistigen Eigentums).
Vertrag im Rahmen des Welthandelsabkommens (WTO-Agreement); regelt bestimmte Mindestanforderungen an gewerblichen Schutzrechten; baut auf der PVÜ auf.

Übertragungserfindung:
Nicht nahe liegender Transfer einer technischen Lösung von einem Fachgebiet auf ein anderes.

Vorbenutzer(recht):
Vorbenutzer ist jemand, der eine (von einem anderen) patentgeschützte Erfindung bereits vor dem Prioritätstag dieser Erfindung in seinem eigenen Betrieb geschaffen und genutzt hat. Gegen den Vorbenutzer treten die Wirkungen des Patentes nicht ein, solange er die Erfindung für seinen eigenen Betrieb nutzt.

WIPO:
World Intellectual Property Organization;
Weltorganisation für Geistiges Eigentum;
Organisation Mondiale de la Propriété Intellectuelle (OMPI).
Organisation mit Sitz in Genf, die verantwortlich ist für den PCT, die PVÜ und andere internationale Verträge zu gewerblichen Schutzrechten.

Index